机加工入门

贯志辉　刘　森　主编

金盾出版社

内 容 提 要

本书根据目前技术人才的需求，结合国家职业技能标准，为立志成为有一技之长的士官、复转军人以及社会青年提供真诚帮助而编写。主要内容包括：机加工基础知识，车削加工，铣削加工，刨削加工，磨削加工，钻削和铰削加工，零件机械加工工艺。

书中内容集技能资格考证和实用操作技巧为一体，能帮助读者快速了解机加工的工作内容，为就业铺路。书中特别增加了初级车工的技能考核项目及实操要点，可作为相关专业技能培训和读者自学用书。

图书在版编目(CIP)数据

机加工入门/贾志辉，刘森主编. —北京：金盾出版社，2018.10
ISBN 978-7-5186-1477-6

Ⅰ.①机…　Ⅱ.①贾… ②刘…　Ⅲ.①金属切削—基本知识　Ⅳ.①TG5

中国版本图书馆 CIP 数据核字(2018)第 187997 号

金盾出版社出版、总发行

北京太平路 5 号(地铁万寿路站往南)
邮政编码：100036　电话：68214039　83219215
传真：68276683　网址：www.jdcbs.cn
封面印刷：北京印刷一厂
正文印刷：北京万友印刷有限公司
装订：北京万友印刷有限公司
各地新华书店经销

开本：705×1000 1/16　印张：10.25　字数：205 千字
2018 年 10 月第 1 版第 1 次印刷
印数：1～4 000 册　定价：33.00 元

前　言

国务院印发的《关于加快发展现代职业教育的决定》(以下简称《决定》)，明确了今后一个时期加快发展现代职业教育的指导思想、基本原则、目标任务和政策措施。《决定》提出，要牢固确立职业教育在国家人才培养体系中的重要地位，以服务发展为宗旨，以促进就业为导向，适应技术进步和生产方式变革以及社会公共服务的需要，培养数以亿计的高素质劳动者和技术技能人才。

根据《决定》的精神，我们精心编写了《焊工入门》《钳工入门》《机加工入门》三本书。希望能够帮助那些立志成为拥有一技之长的技能型人才的朋友，特别是正在寻找就业机会的青年朋友。

国家经济建设的飞速发展使得各行各业都急需专业的技能型人才。我们特意从专业生产第一线组织了多名作者参与此套书的编写，他们当中有高级工程师、高级技师和高级讲师，其目的是用专家们的集体智慧将多年的生产经验精炼地表达在书中，以有效地帮助初学者抓住重点、系统学习、轻松掌握。

随着科学技术的不断进步，各种产品的生产、制造、加工技术也会随之改进。因此，对现代技术工人从业的标准，也提出了较高的要求。作者根据现代加工业的技术特点，分别就各种专业操作技术的应用场合、操作要点和技巧进行了全面的阐述，以帮助读者选择适宜自己的专业学习，减少择业的盲目性。

技能的学习提高需要具备专业设备、器材、工具和场地条件才能进行，这往往是初学者，特别是自学者很难具备的。我们针对读者这方面的需求，在内容上加强了图文配合说明和操作细节讲解等措施，以帮助读者克服实践不足的困难。同时，在条件允许的情况下，可以尽快地进入实战状态。

目前，大多数工种上岗仍然必须具备“资格”，为了让读者能够通过学习，顺利达到国家职业技能或行业标准，我们还专门安排了章节指导“技能操作考核”练习。

鉴于作者认知水平所限，书中难免不当之处，敬请读者批评指正。

作　者

目　录

第一章　机加工基础知识

机加工入门的基础知识包括工程图样识读，零件的几何形状、尺寸及几何要素的规定（极限与配合），零件材质的相关知识和金属切削的基本知识。

第一节　工程图样的识读

一、工程图样的类型及作用

工程图样又称为图样。图样是设计者根据零（部）件的工作要求依照国家标准规定的方式绘制而成作为零件加工、检验依据的图纸。

图样的类型主要分为两种：一种是针对单个零件的图样，又称为零件图。零件图是该零件的加工和检验的依据，是零件制成品的最终表达形式。另一种是反映零部件之间相互关系的图样，又称为装配图。装配图是反映部件（组件）的组成零件之间相互装配关系以及运动传递关系的，是部件装配和检验的依据。

二、零件图

(1)零件图的组成　某拨杆零件图如图 1-1 所示。该图由四部分组成：

①一组完备的视图。该零件图采用主视图和俯视图二个基本视图，同时采用剖视图和断面图表示内部结构，从而将零件的外形和内部结构表达清楚。

②一组完备的尺寸标注。表示形状的定形尺寸，如 $\phi30$、$\phi34$、$\phi18H7(^{+0.018}_{0})$ 等表明各圆柱面的直径及其上、下极限偏差（符号 ϕ 表示外形为圆柱，$S\phi$ 表示外形为球面）；表示要素相对位置的定位尺寸，如 10、17、20、70 等，用于确定零件各表面之间的位置；还有要素的几何公差。

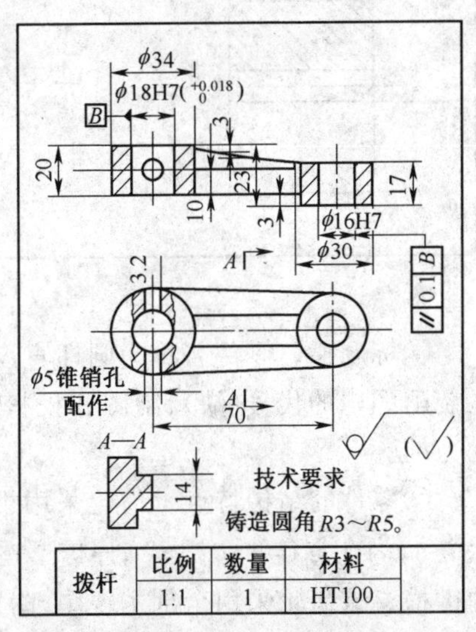

图 1-1　某拨杆零件图

③必需的技术要素。表面粗糙度反映了各加工表面的质量要求，铸造圆角反映的是铸造工艺要求等。

④完整的标题栏。标题栏是识别零件的关键，包括零件名称、材料、数量和设

计审核图样的责任人等信息。

(2)识读零件图的步骤　识读零件的基本目的是了解零件的结构，掌握零件重点部位的分布以及影响零件性能的关键性措施。识读的顺序如下：

①仔细阅读标题栏内各项目，如零件名称、材料、数量等，从中可知该零件的用途。

②搞清零件的结构形状、尺寸公差、几何公差、表面粗糙度以及重要表面(配合表面)的技术要求。分析结构时，以主视图为基础，配合俯视图、左视图及其他辅助视图，逐步将零件的内、外结构分析清楚；确定重要表面的公差配合等要求，做到心中有数。

③仔细阅读技术要求和检验方法。

(3)零件图识读示例　以图 1-2 所示之圆柱直齿轮零件图为例说明零件图识读过程。

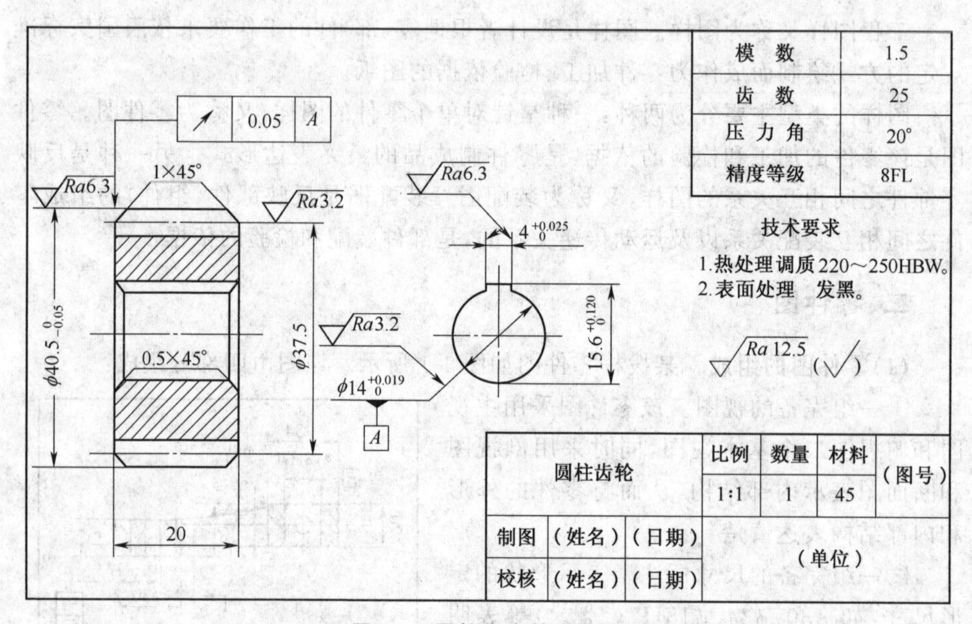

图 1-2　圆柱直齿轮零件图

①标题栏。零件名称为圆柱直齿轮，材料为 45 钢，数量为 1 件，图号为该零件在装配图中的代号(缺)、制图和校核人员签名等。齿轮的作用是用于传递转速和动力的。

②零件的结构特点。齿轮采用规定画法，齿顶圆直径 $\phi 40.5_{-0.05}^{\ 0}$，分度圆直径 $\phi 37.5$，内孔直径 $\phi 14_{\ 0}^{+0.019}$，厚度 20mm，内孔设有宽 $4_{\ 0}^{+0.025}$ 、深度尺寸 $15.6_{\ 0}^{+0.120}$ 的键槽。该齿轮采用全剖主视图，附加简化左视图的规定画法表达。

③零件图上的尺寸及公差的标注。零件图上有配合要求的尺寸，都要根据公称尺寸和标准公差等级，确定该尺寸的上极限偏差和下极限偏差；标注尺寸时应将

公称尺寸及其上、下极限偏差一并注出，如 $\phi 40.5_{-0.05}^{\ 0}$、$\phi 14_{\ 0}^{+0.019}$ 等。

一般的配合尺寸按 IT5～IT13 级制配，此类尺寸均应标注公差；未标注公差的尺寸为非配合尺寸，其尺寸精度为 IT12～IT18 级。

④零件图上表面粗糙度的标注。一般说来，零件上有配合要求的表面，或虽无配合要求但对其表面粗糙度有要求的表面（如手柄表面），均应标注表面粗糙度。

表面粗糙度的高度评定参数有 Ra（轮廓算术平均偏差）和 Rz（轮廓最大高度）。多采用 Ra 标注表面粗糙度，如符号 $\sqrt{Ra\,3.2}$，表示该表面的表面粗糙度为轮廓算术平均偏差 Ra 的上限值为 3.2μm。如图 1-2 中齿顶圆、齿面、$\phi 14$ 孔以及键槽均有表面粗糙度要求。

零件上，非加工表面的表面粗糙度用符号 $\sqrt{}$ 表示，见图 1-1。

⑤零件图上几何公差的标注。对零件表面的形状和位置有严格要求时，应对该表面标注几何公差。几何公差框格中最左边框格标注几何公差特征符号，左起第二格标注几何公差数值，其余各格分别标注基准代号。如 | ↗ | 0.05 | A | 表示齿顶圆对于 $\phi 14_{\ 0}^{+0.019}$ 轴线为基准 A 的径向圆跳动公差为 0.05mm。

⑥零件图上技术要求的标注。零件的技术要求反映设计对该零件的要求，一般包括材质的均匀性要求、热处理要求、尺寸检验要求（如齿轮）或其他特殊要求。这些要求通常用文字在图纸右侧下方标注。热处理和齿轮参数的标注如图 1-2 所示。

(4)零件图中常见的表达方法

①反映零件内部结构的剖视图。用假想剖切平面剖开机件，将处于观察者和剖切平面之间的部分移去，而将剩余部分向投影面投射所形成的视图称为剖视图；剖视图主要用于表达机件的内部结构。常见的剖视图如图 1-3 所示，全剖如图 1-3a 所示，半剖如图 1-3b 所示，局部剖如图 1-3c 所示。

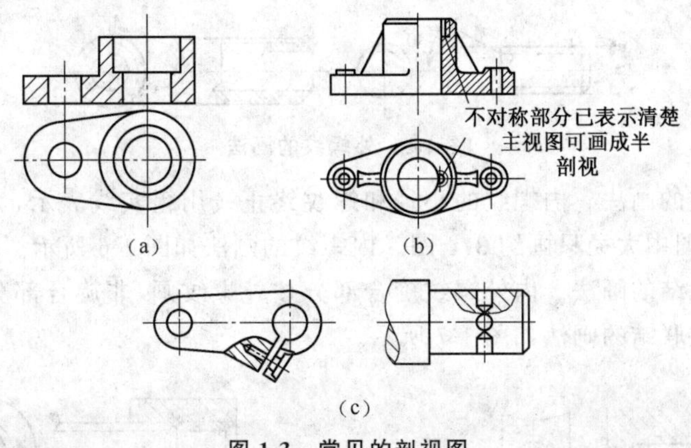

图 1-3　常见的剖视图

(a)全剖　(b)半剖　(c)局部剖

②反映零件某处断面结构的断面图。把零件要表达的部位切断，仅画出断面

形状和剖面线的图形称为断面图。断面图用于表达个别部分的结构形状，如轮辐、筋、小孔、键槽等。

图 1-4 所示为各种常见断面图。

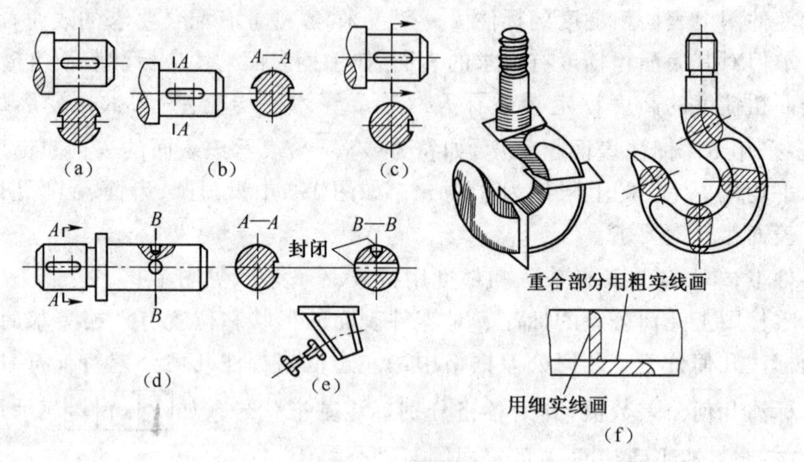

图 1-4 断面图

(a)～(e)移出断面 (f)重合断面

国家标准规定同一零件金属材料的断面用 45°均匀间隔斜线表示；不同零件断面，要用方向或间距不同的剖面线画出以示区分。

(5)通用零件的规定画法 通用零件包括螺纹件、键联结件、齿轮、弹簧和滚动轴承等。这些零件一般都按某种规定的画法表达。

1)螺纹件的画法：

①外螺纹的画法。外螺纹牙顶(大径)和螺纹终止线用粗实线表示，牙底(小径)用细实线表示；在垂直于螺纹轴线的圆视图中，表示牙底的细实线只画约 3/4 圈。外螺纹的画法如图 1-5 所示。

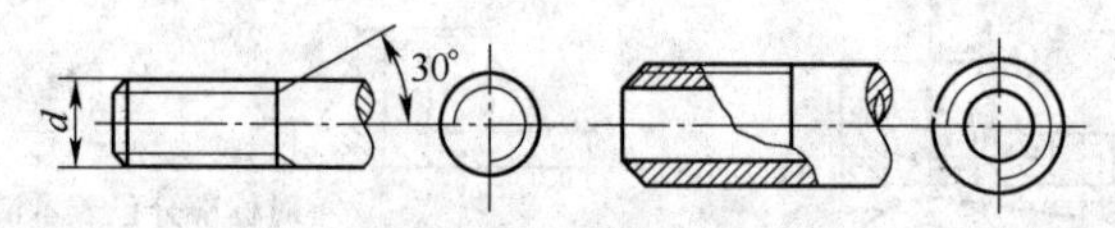

图 1-5 外螺纹的画法

②内螺纹的画法。内螺纹的小径和螺纹终止线用粗实线表示，大径用细实线表示；在圆视图中大径只画约 3/4 圈。内螺纹的画法如图 1-6 所示。

③螺纹联结的画法。内外螺纹旋合部分按外螺纹画，非旋合部分按各自的规定画法。螺纹联结的画法如图 1-7 所示。

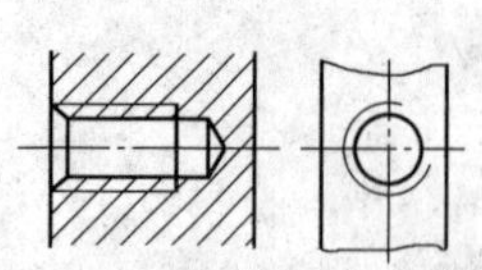

图 1-6 内螺纹的画法

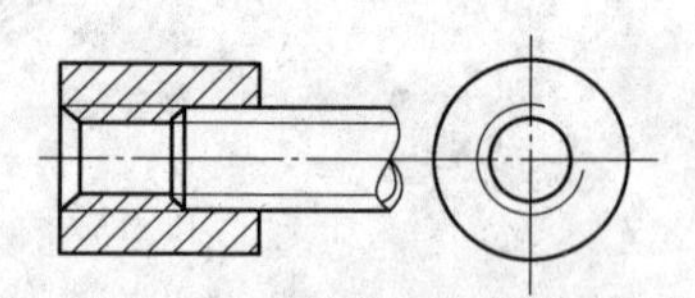

图 1-7 螺纹联结的画法

2)平键联结的画法：轴和轮毂上的键槽的画法如图 1-8 所示；平键联结的画法如图 1-9 所示。

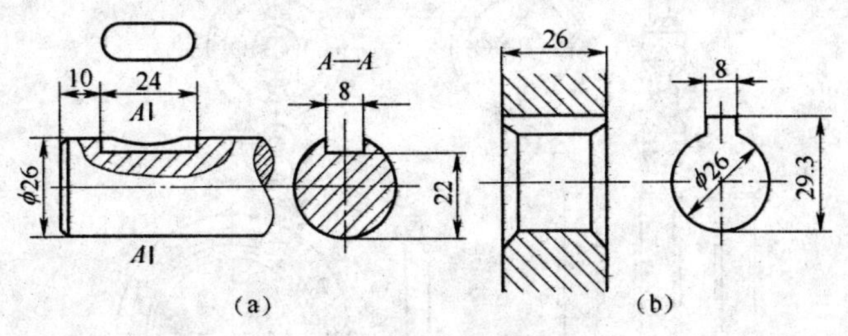

图 1-8　键槽的画法

3)齿轮、齿条、涡轮的画法：

①单一齿轮的画法。齿顶圆和齿顶线用粗实线绘制，分度圆和分度线用细点画线绘制，齿根圆和齿根线用细实线绘制，也可省略不画；在剖视图中齿根线用粗实线；需要表明齿形可在图中用粗实线画出一或两个齿，或局部放大表示；齿形方向用三根细实线表示，各种齿形机件的画法如图 1-10 所示。

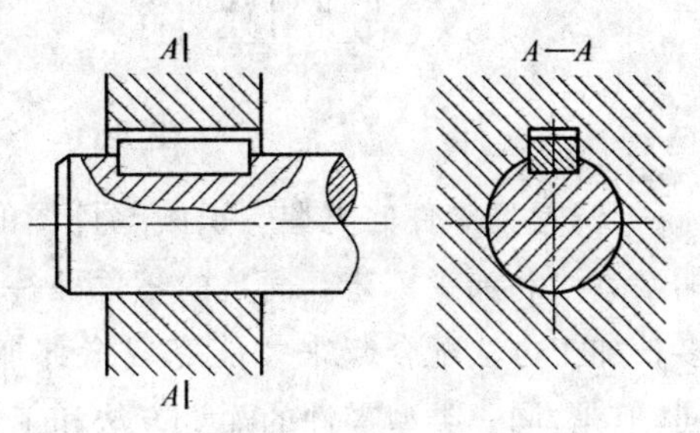

图 1-9　平键联结的画法

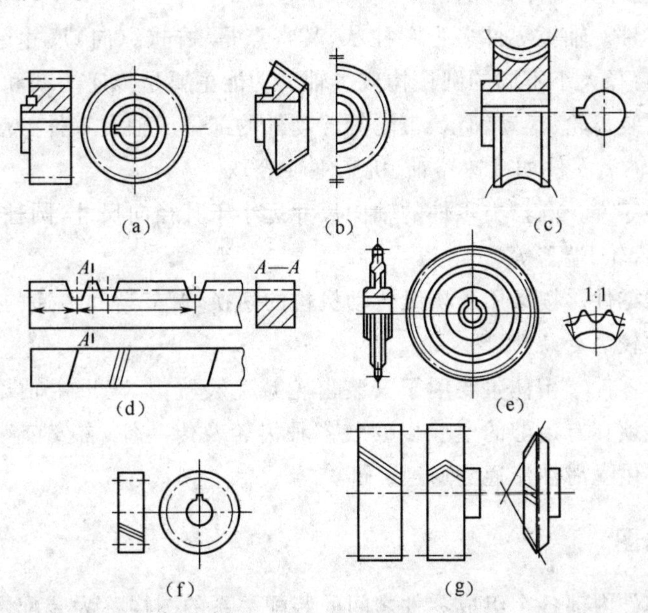

图 1-10　各种齿形机件的画法

(a)直齿圆柱齿轮　(b)圆锥齿轮　(c)蜗轮　(d)齿条

(e)链轮　(f)圆柱斜齿轮　(g)螺旋、人字齿轮

②齿轮啮合画法。齿轮啮合的画法如图 1-11 所示。

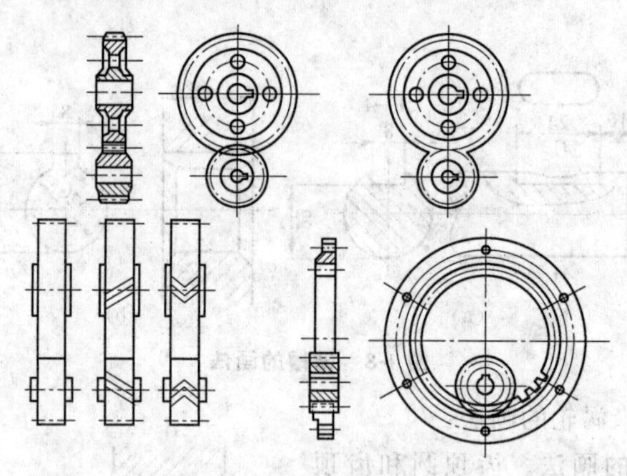

图 1-11　齿轮啮合的画法

(6)常见零件的类型　识读零件图的主要目的是为加工零件表面选择合理的加工方法和加工工艺。简单的零件往往只需用一种加工方法,复杂的零件则需要多种加工方法配合起来才能完成全部加工。零件的加工方法和加工工艺各不相同,但是,同一类型零件的加工方法和工艺过程大致相同。熟知典型零件的特点和加工方法,有助于理解机加工的概貌。典型零件的类型有轴类零件、圆盘类零件、叉架类零件、箱体类零件等几种。

①轴类零件。轴类零件多为圆柱状,其特点是轴向(纵向)尺寸远大于横向尺寸,一般都由直径大小不同的圆柱构成。轴的功能主要是传递运动和动力,通常在其上设置有安装齿轮、滚动轴承、带轮等传动件的部位。轴类零件一般采用中碳钢 45 制成,典型轴类零件如减速器轴、机床主轴等。

②圆盘类零件。圆盘类零件的轴向尺寸远小于其径向尺寸,圆柱形结构,如各种齿轮、V 带带轮、端盖等。

③叉架类零件。拨叉用于操纵传动机构的切换,调节运动传递的方向,参与调节的部位结构较为复杂(见图 1-1)。

④箱体类零件。箱体主要用于安装齿轮减速装置,如车床主轴箱、减速箱等。它的特点是必须具有足够的空腔以安装各种齿轮及传动件、有安装滚动轴承外圈的孔座并具有供润滑油流通的通道。

三、装配图

反映某部件内部各个组成零件之间的装配关系的图样称为装配图。装配图是部件组装的依据,也是产品检验的依据。

(1)装配图的识读要求

①了解装配件的功能及工作原理;

②搞清各零件之间的装配关系；

③了解各零件的主要结构；

④了解装配的技术要求。

(2)识读装配图的一般步骤

①概括了解。先看标题栏了解机器的名称和图样比例，再看明细表中组成零件的数量，并按顺序号查明各零件名称和所在位置。

②分析视图。主视图最能反映机器各部分之间装配关系，以及运动传递关系，务求重点识读；然后，再看左视图、俯视图，从而全部掌握零件间的相互关系，并确定关键性零件。

③分析工作原理和传动关系。

④分析装配关系。搞清运动关系、配合关系、连接和固定关系、定位和调整关系、装拆顺序。

⑤分析零件。分析零件作用和结构形状，确定零件主次关系。

(3)装配图上尺寸的标注

①对于配合尺寸，用配合代号标注，且一定要标全，不得有遗漏。如 ϕ25H9/d9，表示公称尺寸为直径 25mm 的孔和轴之间的基孔制间隙配合，ϕ25M7/h6 为基轴制过渡配合等。

②必须标注装配体的特征尺寸，如总长、总宽、总高以及安装尺寸。

③标注装配体内相互位置的尺寸，如轴距等。

(4)装配图上的技术要求

①装配要求。注明装配时必须达到的精度及装配方法的要求。

②检验要求。注明检验方法、试验方法和条件必须达到的技术指标。

③使用要求。注明保养、使用操作时的要求。

(5)装配图上的零件明细表

按 GB/T 10609.2—2009 的规定：

①明细栏一般配置在标题栏上方并与标题栏相连，当标题栏上方位置不够用时，可紧靠在标题栏的左边延续。

②表中零件顺序号自下而上填写。

③标准件应填写规定代号，如 M6×12 应在备注栏中注明 GB 73—1985。

④明细栏也可以不画在装配图内，另行附表。

(6)装配图识读示例　图 1-12 所示为某齿轮泵装配图，识读齿轮泵装配图的基本要求见表 1-1。

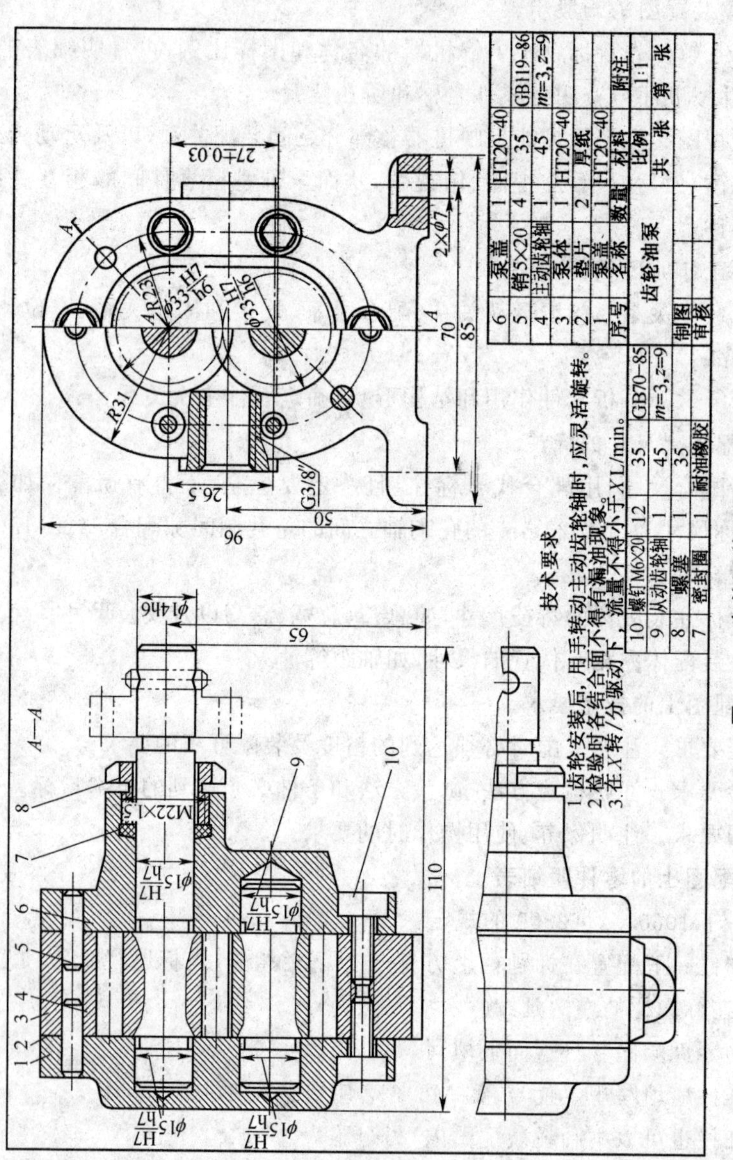
A—A
1 2 3 4 5 6 7 8
9
10
M22×1.5
$\phi15\frac{H7}{h7}$
$\phi14h6$
65
110
A_R23
R31
$\phi33\frac{H7}{h6}$
26.5
96
50
G3/8″
27±0.03
A
70
85
2×ϕ7
技术要求
1.齿轮安装后,用手转动主动齿轮轴时,应灵活旋转。
2.检验时各结合面不得有漏油现象。
3.在X转/分驱动下，流量不得小于XL/min。
6 泵盖 1 HT20-40
5 销5×20 4 35 GB119-86
4 主动齿轮轴 1 45 m=3,z=9
3 泵体 1 HT20-40
2 垫片 2 厚纸
1 泵盖 1 HT20-40
序号 名称 数量 材料 附注
10 螺钉M6×20 12 35 GB70-85
9 从动齿轮轴 1 45 m=3,z=9
8 螺塞 1 35
7 密封圈 1 耐油橡胶
齿轮油泵
比例 1:1
共 张 第 张
制图
审核

图 1-12　齿轮泵装配图

表 1-1　齿轮泵装配图识读的基本要求

了解齿轮泵的功能和工作原理	通过标题栏、零件明细表、视图关系了解齿轮泵的组成和工作原理 齿轮泵是一种供油装置，电动机带动主动齿轮旋转，驱动与之相啮合的从动齿轮旋转，利用齿轮退出啮合时，所形成的局部啮合容积增大而吸油；进入啮合时，啮合容积减小而压油，从而实现连续供油。它由 10 种零件组装而成
了解各零件之间的装配关系	1. 泵体 3 与两端泵盖 1 和 6 依靠圆柱销 5 定位，并以螺钉 10 连接在一起，形成泵的内部容积，并用垫片 2 密封 2. 主动齿轮轴 4 与从动齿轮轴 9 两端利用动配合 $\phi15\ \frac{H7}{h7}$形成滑动轴承支承两轴的旋转，使泵体内空腔形成吸油区和压油区，实现供油 3. 两齿轮轴距 27±0.03mm 4. 填料 7 通过螺塞 8 的压紧，使泵体内的油液不致外泄 5. 泵体 3 左、右两侧分别与吸油和压油腔连通
外形尺寸	齿轮泵的外形尺寸：长 110mm、宽 85mm、高 96mm，主动轴高度 65mm。底座两安装孔距离 70mm
装配技术要求	1. 齿轮安装后，用手转动主动齿轮轴 4 时，应灵活旋转 2. 检验时各结合面不应有漏油现象 3. 在某一额定转速下驱动时，流量不少于额定值

第二节　极限与配合

一、常用量具

(1)游标卡尺

①游标卡尺的构造。游标卡尺由主尺 1 和副尺(游标)4 两部分组成，可微动调节游标卡尺如图 1-13 所示。当副尺量爪 5 与主尺量爪 6 密合时，副尺零线与主

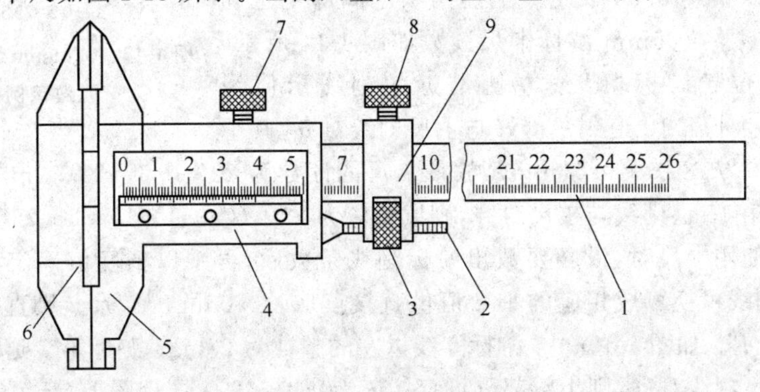

图 1-13　可微动调节游标卡尺

1. 主尺　2. 螺杆　3. 微调螺母　4. 副尺(游标)　5. 副尺量爪　6. 主尺量爪　7,8. 螺钉　9. 滑块

尺零线对准。量取工件尺寸时向右移动副尺4使量爪5、6分开并与被测表面接触，轻轻拧紧螺钉7即可从主副尺的刻度线读取尺寸。工件尺寸的整数(mm)部分根据主尺刻度读出，小数部分根据副尺与主尺相互对齐的刻度，按游标的精度和游标卡尺的读数规则读出。

游标卡尺属于中等精度的量具，其测量精度有0.1mm、0.05mm和0.02mm三种。

游标卡尺的测量范围有0～125mm、0～150mm、0～200mm、0～300mm、0～500mm等多种规格。

②游标卡尺的读数规则。以精度为0.05mm的游标卡尺为例说明游标卡尺的读数规则如下：

游标卡尺的主尺上两道刻线之间的间距为1mm；副尺的游标上将19mm的长度分为20等分进行刻线，其两相邻刻线之间的间距为19/20＝0.95(mm)。主、副尺上刻线间距之差为1－0.95＝0.05(mm)，即是该卡尺精度数值之由来。利用游标上刻线与主尺刻线相对位置的变化，可以达到测量精度为0.05mm。

当卡尺两量爪并拢时，游标的“0”刻线与主尺的“0”线对齐；游标第“20”刻线与主尺第19mm刻线对齐。此时，游标上其他刻线与主尺上的刻线均不对齐。游标上第1刻线与主尺1mm刻线相差0.05mm，若将游标向右移动0.05mm，则游标上第1刻线即可与主尺上1mm刻线对齐，此时卡尺两量爪的距离为0.05mm；若将游标向右移动0.05×2＝0.1(mm)，则游标第2刻线则与主尺上2mm的刻线重合，此时两量爪的距离为0.1mm。如此类推，若游标上第N道刻线与主尺上某一刻线对齐，则说明两量爪的距离为0.05×N(N＜20)(mm)。利用游标刻线与主尺刻线对齐的原理，可以读出两量爪距离小于1mm的小数值。

一般情况下，量爪之间距离的整数值可由主尺上位于游标“0”刻线左侧最近的那道刻线所代表的数值表示；小于1mm的数值则由游标上与主尺刻线对齐的刻线数乘以精度0.05表示。上述两项之和即是正确的卡尺读数。0.05mm游标卡尺读数如图1-14所示，在主尺上位于游标“0”线左侧最近的刻线示值为22mm，游标上第10道刻线恰好与主尺刻线对齐，其小数部分为0.05×10＝0.5(mm)，故该卡尺的读数为22＋0.5＝22.5(mm)。若发现游标上第15道刻线与主尺对齐，则读数应为22＋(0.05)×15＝22.75(mm)。

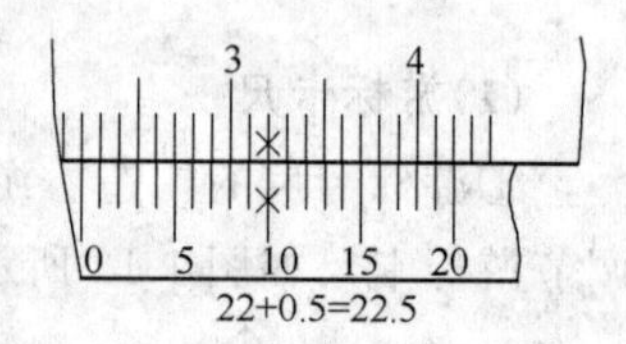

图1-14 0.05mm游标卡尺读数示例

实际使用卡尺时，没必要数出游标刻线条数后，再乘以精度值确定其小数部分，游标刻线可换算成相应的小数值供直接读取。0.05mm游标卡尺直接读数如图1-15所示。如图1-15a中，游标0线以左的整数为23mm，游标第2道刻线标号为1与主尺刻线对齐，则小数部分可直接读为0.10mm。同理图1-15b中游标刻度标号线8.5与主尺刻线对齐，小数部分为0.85mm。

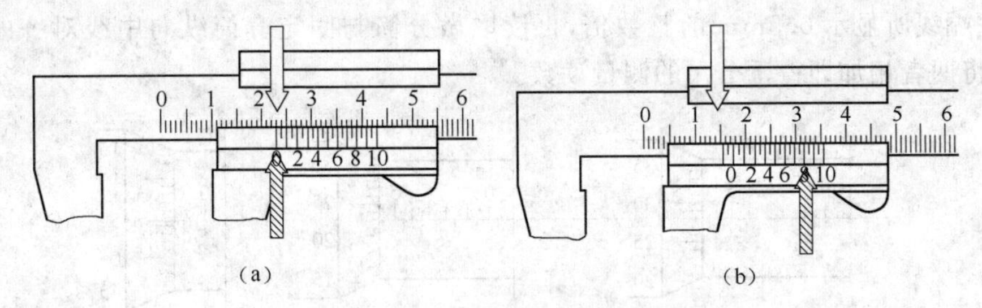

图 1-15　0.05mm 游标卡尺直接读数

(a)读数为 23.10mm　(b)读数为 15.85mm

总之，不论是哪种精度的游标卡尺，其刻度的整数值由游标"0"线以左最接近的主尺刻度表示；刻度的小数部分，由游标刻线与主尺刻线对齐时的小数值表示；两者之和即为游标卡尺的正确读数。

游标卡尺的读数规则可归结为以游标"0"线为准，"0"线以左读整数；"0"线以右与主尺刻线对齐之刻线读小数。

③使用游标卡尺的注意事项：测量前应将游标卡尺擦干净，量爪贴合后，游标和主尺零线应对齐，否则不能使用；测量时，所用的测力应使两量爪刚好接触零件表面，不要过紧，也不要过松；测量时，防止卡尺歪斜；读数时应正对刻度，避免视线误差；卡尺使用完应及时清洁，涂防锈油装入专用盒中保存。

(2)千分尺

①千分尺的构造。千分尺是由尺架、测微螺杆、测力装置所组成，千分尺的结构如图 1-16 所示。

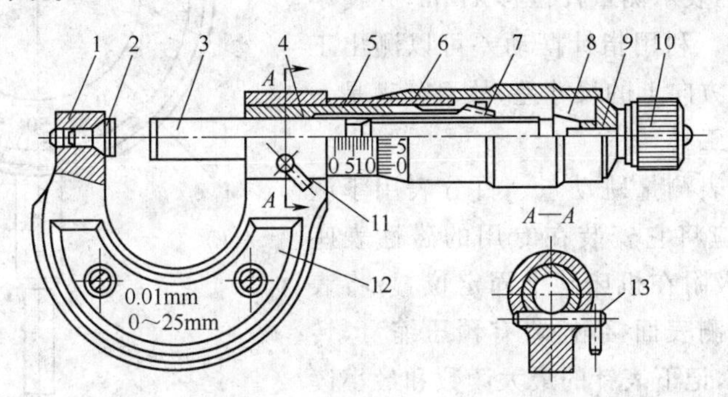

图 1-16　千分尺的结构

1. 尺架　2. 测砧　3. 测微螺杆　4. 轴套　5. 固定套筒　6. 微分筒　7. 调节螺母
8. 接头　9. 垫片　10. 测力装置　11. 锁紧机构　12. 绝热片　13. 锁紧轴

千分尺测微螺杆的螺距为 0.5mm。微分筒 6 旋转一周，测微螺杆 3 轴向位移 0.5mm。固定套筒 5 上的刻线间隔为 0.5mm，微分筒圆周上均匀刻度 50 格，因此，微分筒每转一格，测微杆移动 0.01mm。

②千分尺的读数规则。千分尺读数如图 1-17 所示，先读出在固定套筒上微分

筒左端线所显示 0.5mm 的整数倍，再读取微分筒与固定套筒纵向中线对齐的刻度，将两者相加即得千分尺的测量读数。

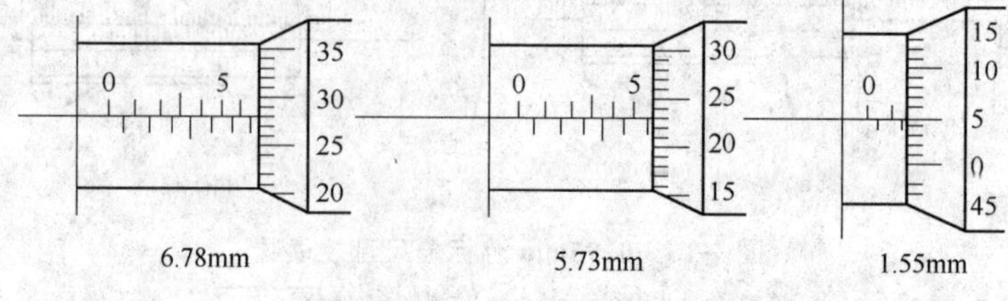

图 1-17 千分尺读数

③使用千分尺的注意事项。千分尺使用之前，应先将校验棒置于测砧与测量杆量面之间，校验微分筒零线是否与固定套筒中线对齐；如未对齐，应用专用的附件按要求调整。进行测量时，先转动微分筒，当两测量面将接触工件时，再拧动棘轮，听到"咔咔"响声，即可读取尺寸；或者先旋紧锁紧装置，取下千分尺再读数。千分尺使用完毕，应及时擦干净并涂防锈油，放入专用盒内保存。

(3)百分表

①百分表的构造。百分表的构造如图 1-18所示。测量杆 4 的下端装有测量头 5。测量杆可以做轴向移动，并通过一系列的齿轮传动带动大指针偏转，表盘的圆周刻度为 100 格，每一格代表测量杆的位移为 0.01mm。大指针旋转一周，表示测量杆位移 1mm，并使小指针转过一格。利用指针摆动差可以测出工件表面在某个方向上的尺寸差，故百分表是一种比较式测量工具。

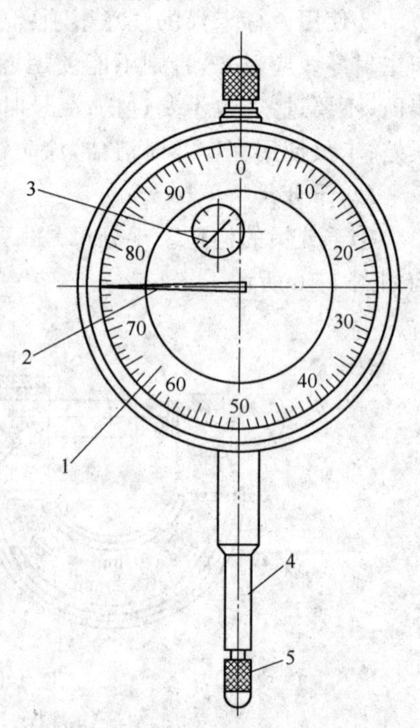

图 1-18 百分表的构造

1. 表盘 2. 大指针 3. 小指针 4. 测量杆 5. 测量头

②用百分表测量跳动量。百分表用于测量跳动量时，应将它安装在专用的磁性表座上，并将表座吸附在机床某个固定位置；将表的测量头与被测表面接触，略有预压缩量，转动被测件一周，记下表针的最大读数和最小读数，两个读数差即是所测得的跳动量。百分表的使用如图 1-19 所示。

(4)万能游标量角器 万能游标量角器如图 1-20 所示。它的测量范围为 0°～320°，精度有 2′和 5′两种。万能游标量角器主要由扇形板(主尺)2 和游标副尺 1 组成。在扇形板 2 上每隔 1°有一道刻线；游标 1 固定在底板 5 上，可沿扇形板转动。夹紧块 8 可把角尺 6 和直尺 7 固定在底板 5 上，从而

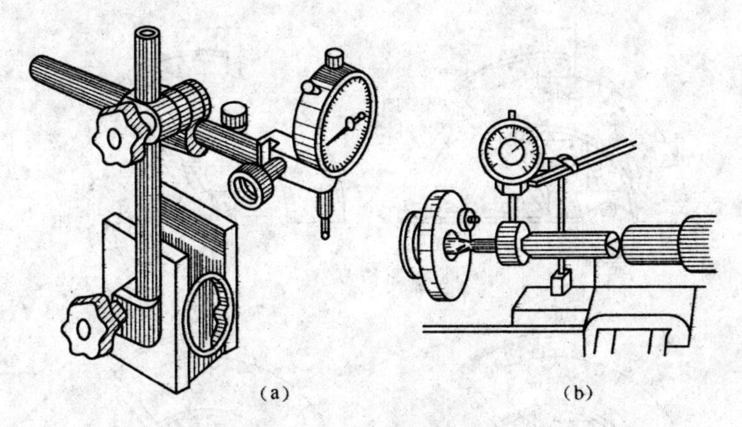

图 1-19　百分表的使用

(a)百分表在支架上的安装　(b)用百分表检查轴的径向圆跳动量

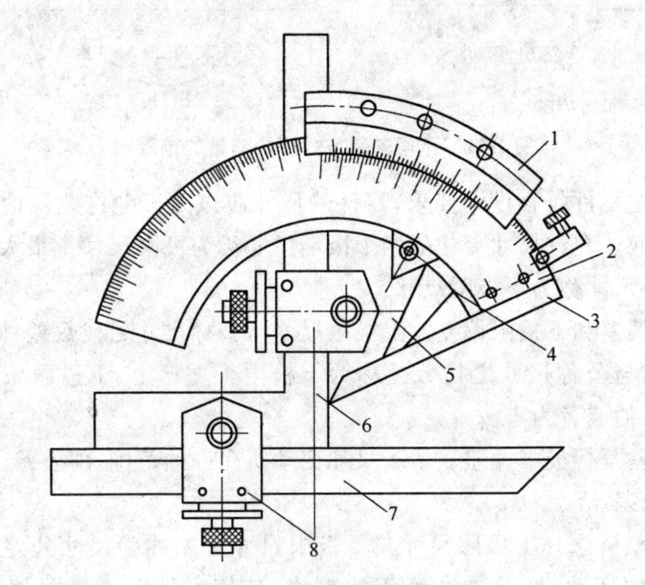

图 1-20　万能游标量角器

1. 游标副尺　2. 扇形板　3,4.(略)　5. 底板　6. 角尺　7. 直尺　8. 夹紧块

使测量角度范围在0°～320°。不同安装方式所能测量的范围如图1-21所示。游标读数规则与卡尺相同。

二、尺寸公差

(1)尺寸

①公称尺寸。由设计确定的反映零件几何形状和大小的尺寸称为公称尺寸。国家标准规定了供选用的公称尺寸系列。工程图上所标注的尺寸都是符号国家标准规定的公称尺寸。

②极限尺寸。零件的实际尺寸与测量精度有关，同一尺寸可能存在不同的测

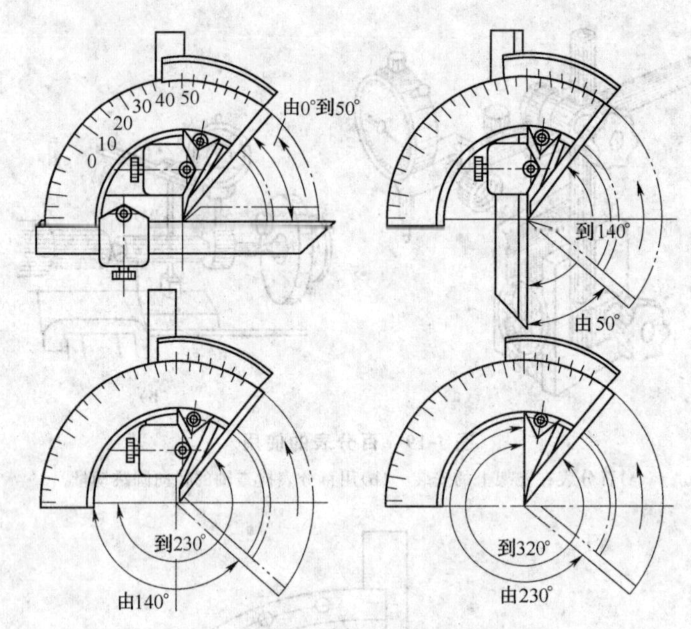

图 1-21 不同安装方式所能测量的范围

量结果。为确定零件符合设计要求,零件的尺寸应该处于允许范围内的最大尺寸与最小尺寸之间。允许尺寸变化的两个极端尺寸称为极限尺寸。最大尺寸称为上极限尺寸;最小尺寸称为下极限尺寸。

③上极限偏差和下极限偏差。上极限尺寸与公称尺寸之代数差称为上极限偏差;下极限尺寸与公称尺寸之代数差称为下极限偏差。上、下极限偏差可能是正的,也可能是负的或者为零。

上极限偏差减下极限偏差表示了尺寸变动所允许的范围,即公差。

(2)尺寸公差

1)尺寸公差概念。上极限尺寸与下极限尺寸之差称为尺寸公差。尺寸公差表示允许的尺寸变动量,是一个恒正的数值,其值也等于上极限偏差减下极限偏差。

2)标准公差。零件的尺寸公差由该尺寸的大小和相应的标准公差等级共同确定。国家标准规定的公差称为标准公差,用代号 IT 表示。标准公差共有 18 个精度等级,分别用代号 IT1,IT2,…,IT18 表示。不同公差等级下各尺寸范围内的标准公差数值见表 1-2。从表中可知:同一公称尺寸范围内的标准公差值随公差等级降低而加大;同一公差等级下尺寸加大,其公差数值也加大。

3)不同精度等级的标准公差应用范围:

①量块采用 IT1 级标准公差;

②量规采用 IT1～IT17 级标准公差;

③一般配合尺寸采用 IT5～IT13 级标准公差;

④精密尺寸采用 IT2～IT5 级标准公差；

⑤非配合尺寸采用 IT12～IT18 级标准公差；

⑥原材料采用 IT8～IT18 级标准公差。

表 1-2　标准公差数值

公称尺寸 /mm		标准公差等级																	
		IT1	IT2	IT3	IT4	IT5	IT6	IT7	IT8	IT9	IT10	IT11	IT12	IT13	IT14	IT15	IT16	IT17	IT18
大于	至	μm											mm						
—	3	0.8	1.2	2	3	4	6	10	14	25	40	60	0.1	0.14	0.25	0.4	0.6	1	1.4
3	6	1	1.5	2.5	4	5	8	12	18	30	48	75	0.12	0.18	0.3	0.48	0.75	1.2	1.8
6	10	1	1.5	2.5	4	6	9	15	22	36	58	90	0.15	0.22	0.36	0.58	0.9	1.5	2.2
10	18	1.2	2	3	5	8	11	18	27	43	70	110	0.18	0.27	0.43	0.7	1.1	1.8	2.7
18	30	1.5	2.5	4	6	9	13	21	33	52	84	130	0.21	0.33	0.52	0.84	1.3	2.1	3.3
30	50	1.5	2.5	4	7	11	16	25	39	62	100	160	0.25	0.39	0.62	1	1.6	2.5	3.9
50	80	2	3	5	8	13	19	30	46	74	120	190	0.3	0.46	0.74	1.2	1.9	3	4.6
80	120	2.5	4	6	10	15	22	35	54	87	140	220	0.35	0.54	0.87	1.4	2.2	3.5	5.4
120	180	3.5	5	8	12	18	25	40	63	100	160	250	0.4	0.63	1	1.6	2.5	4	6.3
180	250	4.5	7	10	14	20	29	46	72	115	185	290	0.46	0.72	1.15	1.85	2.9	4.6	7.2
250	315	6	8	12	16	23	32	52	81	130	210	320	0.52	0.81	1.3	2.1	3.2	5.2	8.1
315	400	7	9	13	18	25	36	57	89	140	230	360	0.57	0.89	1.4	2.3	3.6	5.7	8.9
400	500	8	10	15	20	27	40	63	97	155	250	400	0.63	0.97	1.55	2.50	400	6.3	9.7

注：公称尺寸小于或等于 1mm 时，无 IT14～IT18。

(3)尺寸公差的标注

①基本偏差。公差带图如图 1-22所示。由代表上极限偏差和下极限偏差的两条平行直线所限定的区域称为公差带，靠近"0"线的那个极限偏差称为基本偏差，图 1-22 中孔的基本偏差为下极限偏差，轴的基本偏差为上极限偏差。只要知道了基本偏差相对于"0"线的距离，结合相应公差的大小，即可唯一确定公差带图的位置。

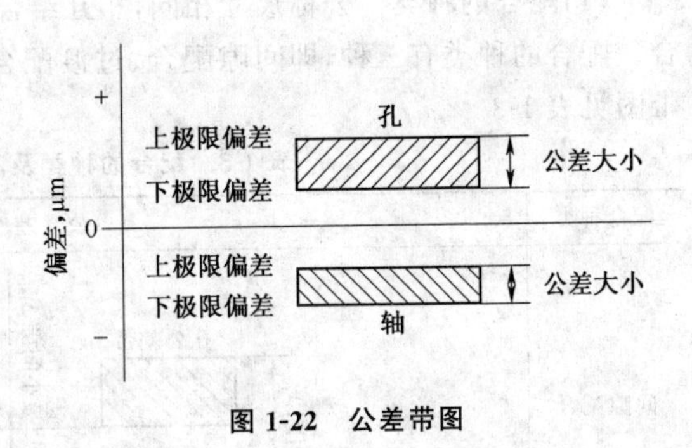

图 1-22　公差带图

国家标准分别对孔和轴都规定了 28 种基本偏差的位置，有的在"0"线以上，也有在"0"线以下。孔的基本偏差位置用大写字母表示，如 A，B，…，H，…；轴的基本偏差位置用小写字母表示，如 a，b，…，h，…。基准孔的基本偏差为 H，表示基本偏差为下极限偏差，且与"0"线重合，则孔的上极限偏差为正，处于"0"线以上，孔的实际尺寸都在"0"线以上，故孔的尺寸不得小于公称尺寸(只大不小)。基准轴的基本偏差为 h，表示基本偏差为上极限偏差，且与"0"线重合，则轴的下极限偏差为负值，处于“0”线以下，轴的实际尺寸都在“0”线以下，故轴的尺寸不得大于公称尺寸（只小不大）。其他代号的具体位置可查阅国家标准。

②公差带代号。公差带代号由基本偏差代号加上表示标准公差等级的数字组成。如 H7 表示基本偏差为下极限偏差，按 7 级标准公差精度制造的孔；g6 表示基本偏差为上极限偏差（g 在零线以下），按 6 级标准公差精度制造的轴。

③尺寸公差的标注。由公称尺寸加上公差带代号共同组成尺寸公差代号，作为在图样上标注尺寸的具体形式。如 $\phi 80H7$ 表示直径为 80mm，基本偏差为 H，按 7 级公差等级制造的圆柱孔；$\phi 60g6$ 表示直径为 60mm，基本偏差为 g，按 6 级公差等级制造的轴。孔 $\phi 80H7$ 按表 1-2 查出标准公差为 0.035mm，且下极限偏差与“0”线重合，则该尺寸为 $\phi 80H7=\phi 80^{+0.035}_{0}$ mm，在图样上，该孔应标注尺寸为 $\phi 80^{+0.035}_{0}$。轴 $\phi 60g6$，g 表示基本偏差为上极限偏差，且等于 -0.01mm，6 级公差为 0.019mm，则其下极限偏差为 $-0.01-0.019=-0.029$（mm），即 $\phi 60g6=\phi 60^{-0.01}_{-0.029}$ mm，该轴在图上应标注尺寸为 $\phi 60^{-0.01}_{-0.029}$。

标注尺寸公差的目的之一是让加工者掌握该尺寸的加工范围，处于上、下极限偏差范围的尺寸即是符合要求的尺寸。它们都是配合尺寸。未注公差的尺寸属于非配合尺寸，不等于对该尺寸无公差限制，只是按低精度 IT12～IT18 制配，通常加工者依据机床刻度的精度操作都能达到要求。

三、配合

(1)配合的种类 公称尺寸相同，相互结合的孔与轴公差带之间的关系称为配合。配合的种类有三种，即间隙配合、过渡配合和过盈配合，配合的种类及其公差带图见表 1-3。

表 1-3 配合的种类及其公差带图

配合种类	公差带图
间隙配合	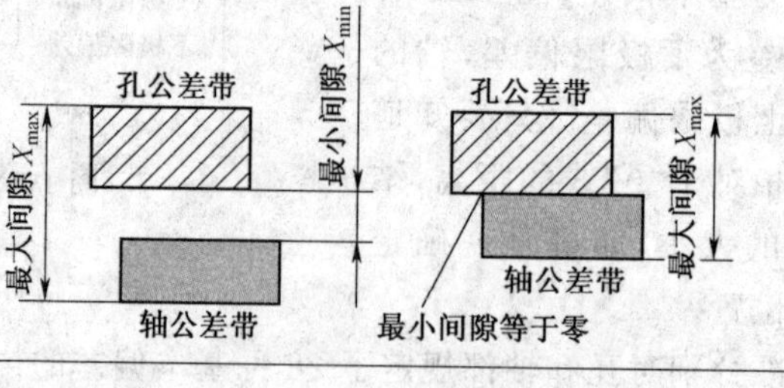 孔公差带 最大间隙 X_{max} 最小间隙 X_{min} 轴公差带 孔公差带 最大间隙 X_{max} 轴公差带 最小间隙等于零
过渡配合	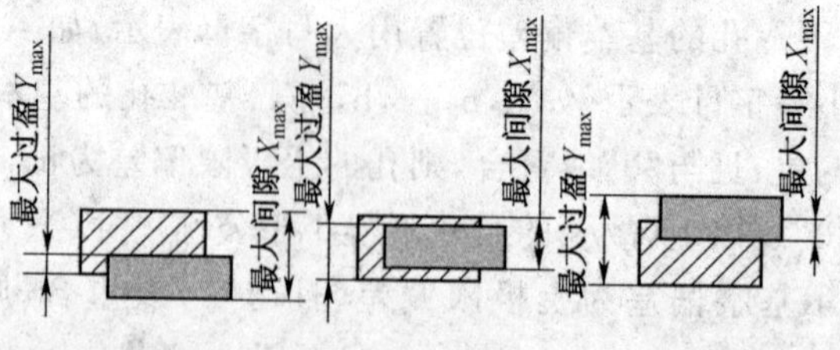 最大过盈 Y_{max} 最大间隙 X_{max} 最大过盈 Y_{max} 最大间隙 X_{max} 最大过盈 Y_{max} 最大间隙 X_{max}

续表 1-3

配合种类	公差带图
过盈配合	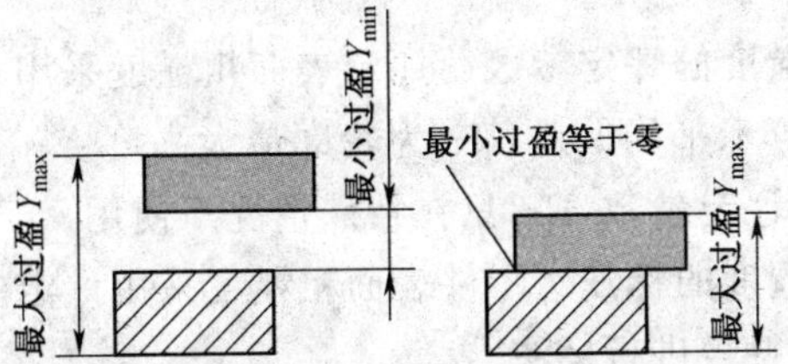 最大过盈 Y_{max}；最小过盈 Y_{min}；最小过盈等于零；最大过盈 Y_{max}

(2)配合的基准制　配合的基准制有两种,即基孔制和基轴制。基本偏差为一定的孔的公差带,与不同的基本偏差的轴的公差带形成各种配合的一种制度称为基孔制配合。基准孔的公差带符号为 H,是孔的下极限尺寸与公称尺寸相等,孔的下极限偏差为零。基本偏差为一定的轴的公差带,与不同的基本偏差的孔的公差带形成各种配合的一种制度称为基轴制。基准轴的公差带符号为 h,是轴的上极限尺寸与公称尺寸相等,轴的上极限偏差为零。

(3)配合的标注　用相同的公称尺寸加上孔、轴公差带表示配合。孔、轴公差带写成分数形式,分子为孔公差带,分母为轴公差带。

①基孔制配合:如$\phi 25\ \frac{H9}{d9}$,表示间隙配合;

$\phi 25\ \frac{H7}{m6}$,表示过渡配合;

$\phi 25\ \frac{H7}{u6}$,表示过盈配合。

②基轴制配合:如$\phi 25\ \frac{D9}{h9}$,表示间隙配合;

$\phi 25\ \frac{M7}{h6}$,表示过渡配合;

$\phi 25\ \frac{U6}{h6}$,表示过盈配合。

上述代号中,H 表示基准孔,h 表示基准轴。

由于配合反映的是相同公称尺寸的孔与轴之间装配的松紧程度的,故一般只标注在装配图中。据此可以在绘制零件图时根据资料确定该尺寸的公差、和上下极限偏差(俗称为拆图)。

四、表面粗糙度

(1)表面粗糙度的概念　零件的加工表面上具有的较小间距和峰谷所形成的微观几何形状误差,反映表面微观不平程度的量称为表面粗糙度。表面粗糙度低说明微观不平程度低,表面愈光滑;表面粗糙度高说明微观不平程度高,表面愈显粗糙。

表面粗糙度高低的确定，主要取决于该零件表面的工作状况，一般由设计给出。

(2)表面粗糙度的评定参数　评定表面粗糙度采用参数 Ra 和 Rz。

Ra 为轮廓算术平均偏差，Rz 为轮廓最大高度。一般情况下，优先选用 Ra 作为表面粗糙度的评定参数，Rz 只在特殊情况下使用。

(3)表面粗糙度的标注　零件表面粗糙度采用评定参数代号、评定参数数值以及其他特殊要求符号进行标注。

①采用 Ra 评定参数时，标注如$\sqrt{Ra\ 6.3}$表示用去除材料方法获得 $Ra \leqslant 6.3\mu m$ 的表面。

②标注 Rz 如$\sqrt{Rz\ 12.5}$表示轮廓最大高度为 $12.5\mu m$。

③标注不去除材料的方法获得的表面粗糙度，如$\sqrt{Ra\ 3.2}$表示 $Ra \leqslant 3.2\mu m$。

(4)表面粗糙度的检测　表面粗糙度 $Ra0.8 \sim 50\mu m$，通常采用与标准样块用目测比较或触摸比较进行检验。测量 $Ra6.3 \sim 50\mu m$ 时，用目测比较法；测量 $Ra6.3 \sim 0.8\mu m$ 时，采用触摸比较法。

五、几何公差

(1)几何公差的几何特征、符号　几何公差包括形状公差、方向公差、位置公差和跳动公差。

几何特征符号见表 1-4。

表 1-4　几何特征符号(GB/T 1182—2008)

公差类型	特征项目	符　号	有无基准要求
形状公差	直线度	—	无
	平面度	⏥	无
	圆度	○	无
	圆柱度	⌭	无
	线轮廓度	⌒	无
	面轮廓度	⌓	无
方向公差	平行度	//	有
	垂直度	⊥	有

续表 1-4

公差类型	特征项目	符　号	有无基准要求
方向公差	倾斜度	∠	有
	线轮廓度	⌒	有
	面轮廓度	⌓	有
位置公差	位置度	⌖	有或无
	同心度 （用于中心点）	◎	有
	同轴度	◎	有
	对称度	⌯	有
	线轮廓度	⌒	有
	面轮廓度	⌓	有
跳动公差	圆跳动	↗	有
	全跳动	⌰	有

(2)公差框格的标注　用公差框格标注几何公差时，公差要求标注在划分成两格或多格的矩形框格内。各格自左至右顺序标注以下内容：

①几何公差特征符号。

②公差值，以线性尺寸表示量值。如果是圆形或圆柱形公差带，公差值前应加符号“ϕ”；圆球形公差带，应加符号“Sϕ”。

③用一个字母表示单个基准，用几个字母表示基准体系或公共基准。

从公差框格的一端引出指引线，箭头指向被测要素，即表明对该要素的几何公差要求，公差框格的标注如图 1-23 所示。

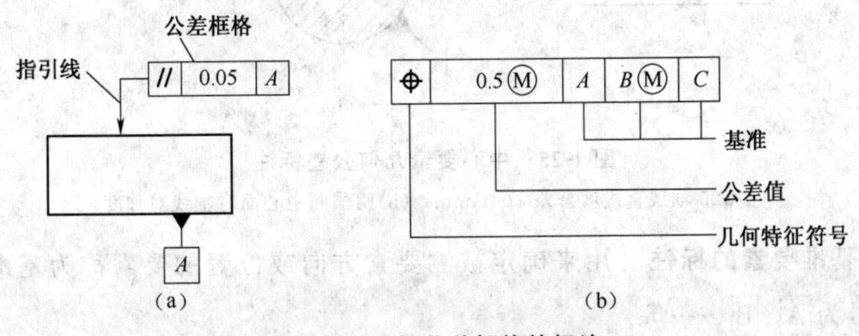

图 1-23　几何公差框格的标注

(3)被测要素的标注　要素是工件上的特定部位，如点、线或面。要素可以是组成要素(如圆柱体的外表面),也可以是导出要素(如中心线、轴或中心平面)。

组成要素是能够直接感触到的要素,是能用测量仪器直接从中提取(测量)要素的几何参数的。组成要素俗称为轮廓要素,更易于理解。

导出要素虽然也是客观存在的,但不能感触到它,而是由相应的组成要素(轮廓要素)的对称关系而确定的。导出要素曾被称为中心要素。

被测要素是给出几何公差的要素。

①被测要素为轮廓线或轮廓面时,几何公差框格的指引线箭头与尺寸线明显错开。轮廓要素几何公差标注如图 1-24 所示。

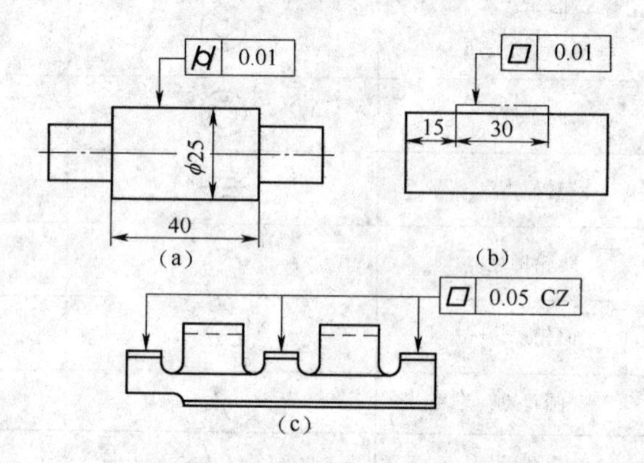

图 1-24　轮廓要素几何公差标注

(a)圆柱度公差带适用于 ϕ25 圆柱面全长　(b)平面度公差带仅适于局部 30mm 范围
(c)平面度公差带适于断续三表面,且用“CZ”表示三平面应位于同一平面,
具有同一公差带。“CZ”为公共公差带符号

②被测要素为中心要素时,几何公差框格的指引箭头与尺寸线对正,中心要素几何公差标注如图 1-25 所示。

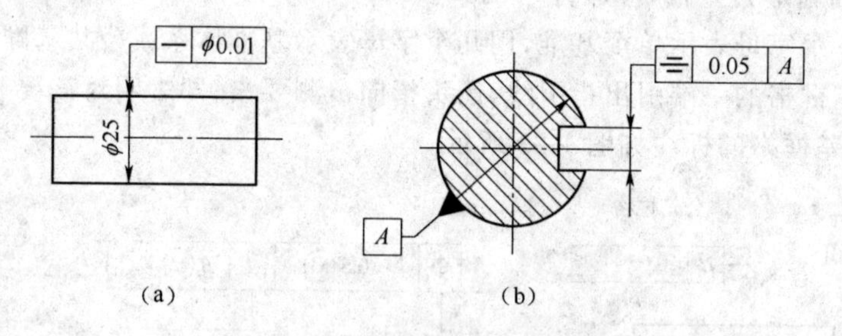

图 1-25　中心要素几何公差标注

(a)ϕ25 轴线直线度公差 ϕ0.01mm　(b)两槽面中心面对轴线对称度

(4)基准要素的标注　用来确定被测要素方向或位置的要素称为基准要素。基准符号为[A]、[B]……等。

①单一基准要素的标注。以零件上一个要素作为基准的称单一基准要素。有以单一轮廓要素或以单一中心要素为基准两种情形。单一基准要素如图 1-25b 所

示，基准要素为轴线 A。

②组合基准要素的标注。以两个或两个以上要素组成的、作为单一基准使用的称为组合基准(公共基准)。图 1-26 所示为组合基准要素，被测中心线对于 $\phi20$、$\phi15$ 两轴线共同组成的公共轴线的同轴度公差为 $\phi0.01$mm。

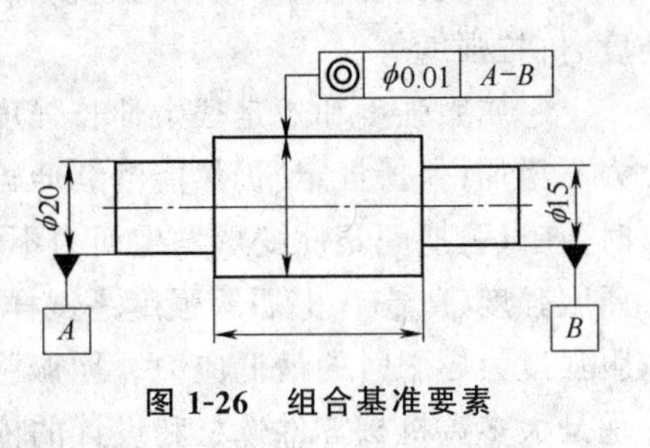

图 1-26　组合基准要素

几何公差的数值由国家标准 GB/T 1182—2008 规定，同时，国家标准还规定各几何公差的检验方法，读者可视需要查阅相关的数据。

第三节　金属材料与热处理

机械零件多采用金属材料制成。零件采用哪种材料制造在零件图上已有明确的规定。材料的选用应根据零件所承受的荷载大小和性质决定的。了解金属材料的性能以及改善性能的途径是机加工入门十分重要的基础知识。

一、金属材料的性能

金属材料性能涉及零件使用条件的主要有力学性能、理化性能和工艺性能三方面。

(1)金属材料的力学性能　在外力作用下，材料所表现出来的一系列特性和抵抗能力称为材料的力学性能。金属材料的力学性能主要包括强度、塑性、冲击韧度和疲劳强度等。

1)强度和塑性。强度是金属材料抵抗永久变形和断裂的能力。塑性是金属材料在断裂前发生不可逆永久变形的能力。金属材料的强度和塑性指标可以通过拉伸试验测得。

金属材料强度和塑性的新、旧标准名称和符号对照见表 1-5。

表 1-5　金属材料强度与塑性的新、旧标准名词和符号对照

GB/T 228.1—2010 新标准		GB/T 228—1987 旧标准	
名词	符号	名词	符号
断面收缩率 断后伸长率	Z A 和 $A_{11.3}$	断面收缩率 断后伸长率	ψ δ_5 和 δ_{10}
屈服强度		屈服点	σ_s
上屈服强度	R_{eH}	上屈服点	σ_{sU}
下屈服强度	R_{eL}	下屈服点	σ_{sL}
规定残余伸长强度	R_r 和 $R_{r0.2}$	规定残余伸长应力	σ_r 和 $\sigma_{r0.2}$
抗拉强度	R_m	抗拉强度	σ_b

注：在新标准 GB/T 228.1—2010 中，没有对屈服强度规定符号。本书中采用 R_{eL} 作为屈服强度的符号。

2)强度指标。金属材料抵抗拉伸力的强度指标有屈服强度、规定残余伸长强度、抗拉强度等。

①屈服强度和规定残余伸长强度。屈服强度是指拉伸试样在拉伸试验过程中力不增加(保持恒定)仍然能继续伸长(变形)时的应力。当金属材料呈现屈服现象时,在试验期间塑性变形发生而力不增加的应力点,应区分上屈服强度(R_{eH})和下屈服强度(R_{eL})。上屈服强度是试样发生屈服而应力首次下降前的最高应力;下屈服强度为屈服时的最低应力。屈服强度是工程技术上重要的力学性能指标之一,也是大多数机械零件选材和设计的依据。屈服强度可用下式计算

$$R_{eL}=F_s/S_0$$

式中　R_{eL}——屈服强度(MPa);

F_s——拉伸试样屈服时的拉伸力(N);

S_0——拉伸试样原始横截面积(mm^2)。

工业上使用的部分金属材料,如高碳钢、铸铁等,在进行拉伸试验时,没有明显的屈服现象,也不会产生缩颈现象,这就需要规定一个相当于屈服强度的指标,即规定残余伸长强度。

规定残余伸长强度是指拉伸试样卸除拉伸力后,其标距部分的残余伸长与原始标距的百分比达到规定值时的应力,用符号 R_r 表示。例如 $R_{r0.2}$ 表示规定残余伸长率为0.2%时的应力。

②抗拉强度。抗拉强度是指拉伸试样拉断前承受的最大应力值,用符号 R_m 表示,R_m 可用下式计算

$$R_m=F_m/S_0$$

式中　R_m——抗拉强度(MPa);

F_m——拉伸试样承受的最大载荷(N);

S_0——拉伸试样原始横截面积(mm^2)。

R_m 是表征金属材料由均匀塑性变形向局部集中塑性变形过渡的临界值,也是表征金属材料在静拉伸条件下的最大承载能力。对于塑性金属材料来说,拉伸试样在承受最大拉应力 R_m 之前,变形是均匀一致的。但超过 R_m 后,金属材料开始出现缩颈现象,即产生集中变形。

3)塑性指标。金属材料的塑性可以用拉伸试样断裂时的最大相对变形量来表示,如拉伸后的断后伸长率和断面收缩率。它们是表征材料塑性好坏的主要力学性能指标。

①断后伸长率。拉伸试样在进行拉伸试验时,在力的作用下产生塑性变形,原始拉伸试样中的标距会不断伸长,试样拉断后的标距伸长与原始标距的百分比称为断后伸长率,用符号 A 表示。A 可用下式计算

$$A=\frac{L_u-L_0}{L_0}\times 100\%$$

式中　A——断后伸长率；

L_u——拉断拉伸试样对接后测出的标距长度(mm)；

L_0——拉伸试样原始标距(mm)。

由于拉伸试样分为长拉伸试样和短拉伸试样，使用长试样测定的断后伸长率用符号 $A_{11.3}$ 表示；使用短拉伸试样测定的断后伸长率用符号 A_5 表示，通常同一种材料的断后伸长率 $A_{11.3}$ 和 A_5 数值是不相等的，因而不能直接对 A_5 和 $A_{11.3}$ 进行比较。一般短拉伸试样 A_5 值大于长试样 $A_{11.3}$。

②断面收缩率。断面收缩率是指拉伸试样拉断后缩颈处横截面积的最大缩减量与原始横截面积的百分比。断面收缩率用符号 Z 表示。Z 值可用下式计算

$$Z=\frac{S_0-S_u}{S_0}\times 100\%$$

式中　Z——断面收缩率；

S_0——拉伸试样原始横截面积(mm^2)；

S_u——拉伸试样断口处的横截面积(mm^2)。

金属材料塑性的好坏，对零件的加工和使用具有重要的实际意义。塑性好的金属材料不仅适合应用锻压、轧制等成形工艺，而且如果在使用时超载，可以通过塑性变形避免突然断裂。所以，大多数机械零件除要求具有较高的强度外，还须具有一定的塑性。

4)硬度。硬度是指材料抵抗其他硬物压入其表面的能力，它反映了材料抵抗局部塑性变形的能力。常用的硬度指标有布氏硬度、洛氏硬度和维氏硬度。

①布氏硬度(HB)。布氏硬度试验是根据 GB/T 231.1—2009 的规定，以直径为 D 的硬质合金球作压头，在压力 F 下压入金属表面，保持一定时间后卸去载荷、移去压头，此时试样表面出现直径为 d 的压痕，如图 1-27 所示。用压力 F 除以压痕表面积所得的商，作为被测材料的布氏硬度值，单位为 N/mm^2(MPa)。用硬质合金球作为压头测出的硬度值以 HBW 表示，适用于测量硬度不超过 650 的材料。

②洛氏硬度(HR)。洛氏硬度试验是用一个顶角为 120°的金刚石圆锥压头，在一定载荷下压入被测零件表面，以压入深度来确定硬度值。压痕越深，硬度越低；反之，硬度越高。实际测定时，金属材料的硬度值可直接从洛氏硬度计的刻度盘上读出。常用的洛氏硬度标准有 A、B、C 三种，标注在硬度符号之后，洛氏硬度值写在符号 HR 之前，如 45HRC，表示 C 标尺测定的洛氏硬度值为 45。

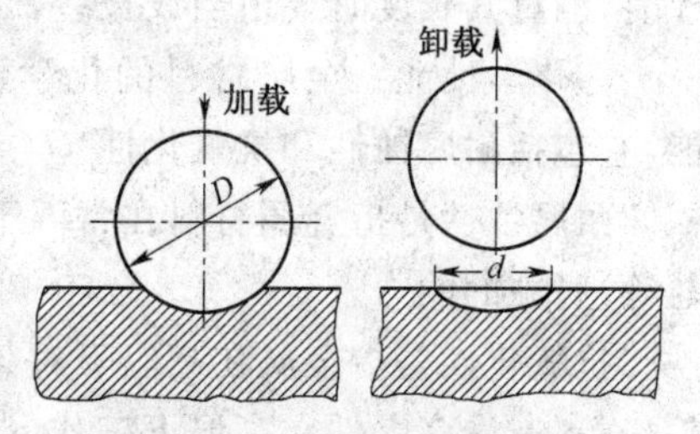

图 1-27　布氏硬度试验原理

由于洛氏硬度的测量方法简便、迅速、经济，同时又能间接反映强度的大小，所

以在零件的技术要求中常标注洛氏硬度要求。洛氏硬度常用来测定淬火钢和工具、模具等零件。

布氏硬度与洛氏硬度是可以换算的。在常用范围内，布氏硬度值近似等于洛氏硬度值的10倍。

5)冲击韧度。有些机器零件和工具在工作时会受到冲击作用，如蒸汽锤的锤杆、柴油机的曲轴、冲床的冲头等。由于瞬时的外力冲击作用所引起的变形和应力比静载荷时大得多。因此，凡承受冲击载荷的零件，要求材料应具有抵抗冲击载荷而不破坏的能力，这就是冲击韧度。

冲击韧度 a_K 是衡量金属韧性的常用指标之一。a_K 值大，表示韧性好；a_K 值小，表示脆性大。

6)疲劳强度。机器中许多零件，如拖拉机曲轴、齿轮、弹簧等，是在交变载荷作用下工作的。在这种受力状态下工作的零件，断裂时的应力远低于该材料的抗拉强度，甚至低于屈服强度，这种现象称为金属的疲劳。机器零件在使用过程中，不允许金属产生疲劳破坏，因此在交变载荷作用下工作的零件，必须保证在无数次交变载荷(钢常以 10^7 为基数)作用下仍不会断裂，这时的最大应力值称疲劳强度，用 S 表示。

提高材料的疲劳强度，可通过改善零件的结构形状、避免应力集中、进行表面热处理等措施来实现。

(2)金属材料的理化性能

①物理性能。金属材料的物理性能包括密度、熔点、热膨胀性、导热性和导电性等。由于机器零件的用途不同，对于其物理性能的要求也有所不同。例如飞机零件要选用密度小的铝合金来制造；又如在制造电器零件时，常要考虑金属材料的导电性等。

金属材料的一些物理性能对于工艺性能还有一定的影响。例如高速钢的导热性较差，在锻造时就应该用很低的速度来进行加热，否则会产生裂纹。又如车削铜棒时，测量其长度时要适当放长些，因切削热使铜棒受热而伸长了。

②化学性能。金属材料的化学性能是指金属材料在化学作用下所表现的性能，它包括耐腐蚀性和抗氧化性。

耐腐蚀性是指金属材料在常温下抵抗周围介质(如大气、燃气、油、水、酸、碱、盐等)腐蚀的能力。

抗氧化性是指金属在高温下对氧化的抵抗能力。工业用的锅炉、加热设备、汽轮机等，有许多零件在高温下工作，制造这些零件的材料，就要求具有良好的抗氧化性。

③工艺性能。工艺性能是指金属材料是否易于加工成形的性能，包括铸造性、可锻性、焊接性、切削加工性等。

铸造性是指能否将金属材料用铸造方法制成优良铸件的性能，包括金属材料的液态流动性，冷却时的收缩性和偏析倾向等。

可锻性是指能否用锻压的方法将金属材料加工成优良工件的性能。可锻性一般与材料的塑性及其塑性变形抗力有关。

焊接性是指能否将金属用一定的焊接方法焊成优良接头的性能。焊接性好的金属材料能获得没有裂缝、气孔等缺陷的焊缝，并且焊接接头具有一定的力学性能。

切削加工性是指能否将金属材料用刀具切削成具有一定的精度和表面粗糙度的零件的性能。切削加工性能好的金属材料对使用的刀具磨损最小，切削用量大，加工的表面粗糙度值也比较小。

二、碳素钢

碳素钢是指碳的质量分数（碳含量）大于 0.0218%小于 2.11%，并含有少量杂质元素锰、硅、磷、硫的铁碳合金。上述四种杂质元素是炼钢过程中无法完全去除的，它们对钢的影响各不相同。

锰和硅是在炼钢时作为脱氧剂加入钢中，对于提高强度、硬度有明显作用，属于有益元素；硫和磷是从原料和燃料中带入钢中的有害杂质。硫的存在会造成压力加工时的热脆性，形成热裂缝；磷则会使钢表现出冷脆性，降低钢的韧度。上述四种元素的含量都应控制在允许的范围之内。

(1)钢的分类　碳素钢有多种分类方法，现将几种主要的分类法简述如下：

1)按碳的质量分数（碳含量）分类。根据碳的质量分数不同可分为低碳钢、中碳钢和高碳钢 3 类。

①低碳钢——$w(C) \leqslant 0.25\%$。

②中碳钢——$w(C)$在 0.25%～0.60%。

③高碳钢——$w(C) > 0.60\%$。

2)按钢的质量分类。碳钢质量的高低，主要根据钢中有害杂质硫、磷的质量分数来划分，可分为普通碳素钢、优质碳素钢和高级优质碳素钢 3 类。

①普通碳素钢——钢中硫、磷含量较高，其中，$w(S) = 0.035\% \sim 0.050\%$，$w(P) = 0.035\% \sim 0.045\%$。

②优质碳素钢——钢中硫、磷含量较低，其中，$w(S) \leqslant 0.035\%$，$w(P) \leqslant 0.035\%$。

③高级优质碳素钢——钢中硫、磷含量很低，其中 $w(S) = 0.020\% \sim 0.030\%$，$w(P) = 0.025\% \sim 0.030\%$。

3)按用途分类。按用途可分为碳素结构钢和碳素工具钢两类。

①碳素结构钢——用于制造机械零件和工程结构的碳钢，其碳的质量分数大多在 0.70%以下。

②碳素工具钢——用于制造各种工具（如刃具、模具及其他工具等）用的碳钢，

其碳的质量分数大多在0.70%以上。

4)按冶炼时脱氧程度的不同分类。按冶炼时脱氧程度不同可分为沸腾钢、镇静钢和半镇静钢三类。

①沸腾钢——为不脱氧的钢。钢在冶炼后期不加脱氧剂，浇注时钢液在钢锭模内即产生气体溢出的沸腾现象。

②镇静钢——为完全脱氧钢。浇注时钢液镇静不沸腾。这类钢组织致密、偏析小、质量均匀。优质钢和合金钢一般都是镇静钢。

③半镇静钢——为半脱氧钢。钢的脱氧程度介于沸腾钢和镇静钢之间。

(2)常用碳素钢

①碳素结构钢。碳素结构钢的钢号是由屈服强度字母、屈服强度数值、质量等级、脱氧方法等四部分按顺序组成，其含义如下列：

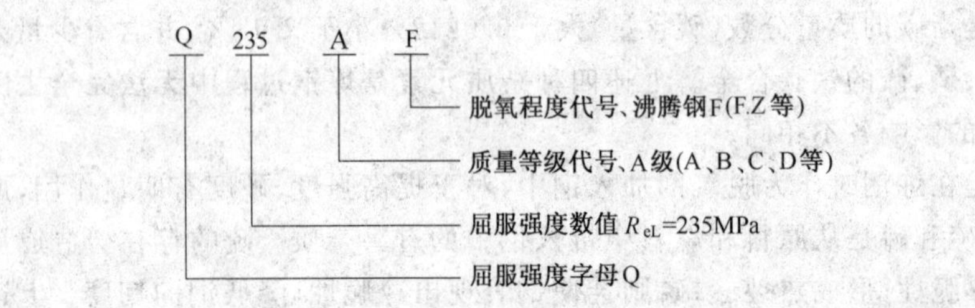

上述代号的含义表示屈服强度 $R_{eL}=235$MPa 的A级碳素结构钢。

碳的质量分数为0.06%～0.38%的碳素结构钢，属于低中碳的亚共析钢，室温组织为大量铁素体块与珠光体块均匀分布。其塑性、韧性好。适于制作钢筋、钢板等建筑用材料和一般机械构件。

②优质碳素结构钢。优质碳素结构钢钢号由两位数字构成，数字表示钢的平均碳的质量分数的万分之几。例如45钢，表示平均碳的质量分数为0.45%的优质碳素结构钢。若钢中锰含量较高，但不是特意加入的，则在两位数字之后加“Mn”。如65Mn钢表示平均碳的质量分数为0.65%且锰含量较高的优质碳素结构钢。若为沸腾钢，则在钢号的两位数字之后写上“F”，如08F表示平均碳的质量分数为0.08%的优质碳素结构沸腾钢。

10、15、20等钢属于低碳钢，具有良好的冷冲压性能及焊接性，常用来制造受力不大、韧性要求较高的机械零件，如螺钉、螺母、法兰盘、拉杆及化工机械中的焊接容器等。经过渗碳淬火处理后，其表面硬而耐磨，心部保持高的塑性和韧性，常用于制造承受冲击载荷的耐磨零件，如凸轮、摩擦片等。

30、45、50等钢属于中碳钢，经调质处理(即淬火后高温回火)后，有良好的综合力学性能，是受力较大的机器零件理想的原材料。主要用来制造截面尺寸不大的齿轮、连杆及轴类零件。

60以上的钢属于高碳钢，经热处理后，有高强度和良好的弹性，适于制造弹簧、钢丝绳、轧辊等弹性零件及耐磨零件。

易切削钢也是结构钢的一种。其特点是易于切削加工。这种材料适用于自动机床上加工。它是向钢中加入一种或几种易生成脆性夹杂物的元素(硫和磷等)，使钢中形成有利于断屑的夹杂物，从而改善了钢的切削加工性能。

③碳素工具钢。碳素工具钢的钢号以“碳”字汉语拼音字首“T”与其后面的一组数字组成，数字表示钢中平均碳的质量分数为千分之几。含锰较高的在数字后标注“Mn”，高级优质钢在钢号后标注“A”。如 T10A 表示平均碳的质量分数为 1.0%的高级优质碳素工具钢。

碳素工具钢随着碳的质量分数的增加，其硬度和耐磨性逐渐增加，而韧性则逐渐下降，应用场合也因之不同。T7、T8 一般用于要求韧性稍高的工具，如：冲头、錾子、简单模具、木工工具等。T9、T10、T11 用于要求中等韧性、高硬度的工具，如手用锯条、丝锥、板牙等，也可用作要求不高的模具。T12、T13 具有高的硬度及耐磨性，但韧性低，用于制造量具、锉刀、钻头、刮刀等。

④铸钢。在实际生产中，许多形状复杂的零件，很难用锻压等方法成形，用铸铁又难以满足性能要求，这时常需要选用铸钢，采用铸造的方法来获得铸钢件。因此，铸钢在机械制造中，尤其是在重型机械制造业中应用非常广泛。

铸钢的钢号用“ZG+两组数字”表示，ZG 是“铸钢”二字汉语拼音首位字母，两组数字分别表示最低屈服强度和最低抗拉强度的值，单位是 MPa。如 ZG200—400，表示屈服强度不小于 200MPa，抗拉强度不小于 400MPa 的铸钢。

三、钢的热处理

钢的热处理是通过钢在固态下的加热、保温和冷却，改变钢的内部组织，从而得到所需要性能的工艺方法。

热处理在机械制造中应用十分广泛，它不仅能提高材料的使用性能，以充分发挥其潜力，还能延长机械零件的寿命，并能提高产品质量，节约金属材料。此外，热处理还可用来改善工件的加工工艺性能，提高劳动生产率。

根据加热、保温和冷却的方式不同，热处理可分为退火、正火、淬火、回火及化学热处理等基本方法。热处理工艺过程中的加热、保温和冷却三个阶段，通常可用温度—时间坐标图形表示，称为热处理工艺曲线，如图 1-28 所示。由于加热温度、保温时间和冷却速度的不同，将使钢产生不同的组织转变。

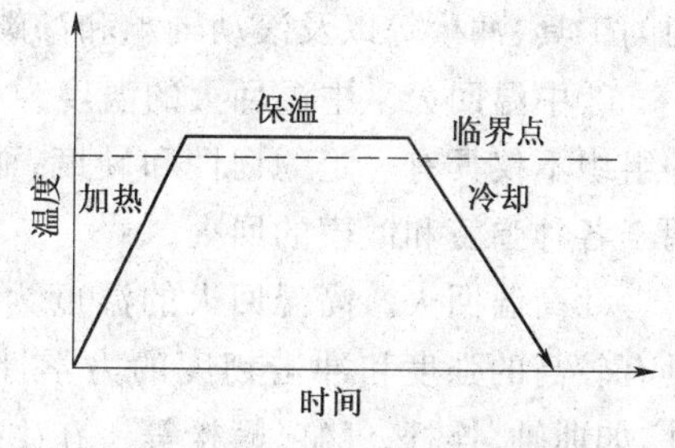

图 1-28　热处理工艺曲线

(1)退火　退火是将钢加热到工艺预定的某一温度，经保温后缓慢冷却下来的热处理方法。常用的退火方法有完全退火、球化退火和去应力退火等。

①完全退火。完全退火是指将钢完全奥氏体化，随之缓慢冷却，获得接近平衡

组织的退火工艺。它主要用于亚共析钢件,目的是细化晶粒、改善组织和提高力学性能。

②球化退火。球化退火是将钢加热到工艺预定的温度,经长时间保温,钢中片状渗碳体自发地转变为颗粒状(球状)渗碳体,然后以缓慢的速度冷却到室温的工艺方法。主要用于共析钢和过共析钢件,目的是降低硬度、改善切削加工性能,为淬火作好组织准备,防止淬火加热时的变形和开裂。

③去应力退火。去应力退火是将钢加热到600～650℃左右,保温一段时间,然后缓慢冷却到室温的工艺方法。它主要用于消除铸件、锻件、焊接结构的内应力,以稳定尺寸,减少变形。

(2)正火 正火是将钢加热到工艺规定的某一温度,使钢的组织完全转变为奥氏体,经保温一段时间后,在空气中冷却到室温的工艺方法。正火的冷却速度比退火稍快,过冷度稍大。因此,正火后所获得的组织较细,强度、硬度较高。

正火与退火的工艺和目的相似,在实际生产中,正火主要应用于下列几个方面:第一,凡碳的质量分数低于0.45%的碳钢,都用正火替代退火;第二,过共析钢常用正火来消除网状渗碳体,给球化退火作组织上的准备;第三,对使用性能要求不高的工件,常用正火代替调质。

(3)淬火 淬火是将钢加热到临界温度Ac_1或Ac_3以上,保温一段时间,然后快速冷却下来的一种热处理方法。淬火的目的是提高钢的硬度和耐磨性,使结构零件获得良好的综合力学性能。

(4)回火 钢件淬火后必须经过回火。回火就是将淬火钢重新加热到工艺预定的某一温度(低于临界温度),经保温后再冷却到室温的热处理工艺。淬火钢回火的目的在于消除淬火内应力,调整钢的力学性能,稳定钢件的组织和尺寸。根据零件的力学性能要求和回火温度不同,回火方法有以下三种:

①低温回火。低温回火的温度为150～250℃,得到的组织为回火马氏体。目的是降低淬火钢的脆性及内应力,保持高硬度和高耐磨性。低温回火适用于量具、切削工具、冲模等以及滚动轴承和渗碳淬火零件。

②中温回火。中温回火的温度为350～450℃,得到的组织为回火托氏体。这种组织不仅具有一定的韧性和硬度,而且具有高的弹性和屈服强度。中温回火常用于各种弹簧和锻模的回火。

③高温回火。高温回火的温度为500～650℃,得到的组织为回火索氏体,它具有较高的强度和冲击韧度的力学性能。高温回火常用于传动件和重要的紧固件,如曲轴、连杆、气缸、螺栓等。在生产中常把淬火后进行高温回火的热处理,称为调质处理。

回火是热处理的最后一道工序,它直接影响成品的质量,因此回火温度必须严加控制。

(5)钢的表面热处理 许多零件,如齿轮、凸轮、曲轴等,不仅要求表面具有高的硬度和耐磨性，还要求心部具有足够的韧性。若要满足这些要求，仅仅依靠选材和采用一般热处理方法是难以实现的，而采用表面热处理工艺则能满足上述要求。表面热处理是仅对工件表层进行热处理，以改善其组织和力学性能的工艺，它包括表面淬火和化学热处理两类。

1)表面淬火。表面淬火是指使工件表面迅速加热到淬火温度，而不等热量传到中心就迅速冷却。表面淬火后，工件的表层获得硬而耐磨的马氏体组织，而心部仍保持原来的韧性较好的组织。为了使淬火工件的表面耐磨，钢中的碳的质量分数应大于0.3%。表面淬火用钢一般是中碳钢或中合金钢。

加热工件的方法主要有感应加热和火焰加热两种。感应加热是利用感应线圈中的交变电磁场，使工件表面产生感应电流，依靠电热效应使表面金属温度迅速升高至淬火温度，然后进行喷水冷却。火焰加热是利用氧-乙炔焰直接加热工件，使其表面迅速升温至淬火温度，然后进行喷水冷却。表面淬火常应用于齿轮、曲轴轴颈、凸轮等零件的表面硬化处理。

2)化学热处理。化学热处理是将工件置于化学介质中加热保温，使工件表面渗入某种元素以改变其化学成分组织和力学性能的热处理工艺。化学热处理包含分解(化学介质在一定温度下分解出活性原子)、吸收(活性原子被工件表面吸收并渗入工件表面)和扩散(渗入的活性原子由表及里的渗透形成扩散层)三个基本过程。最常用的化学热处理方法有渗碳和渗氮两种。

①渗碳。渗碳是使介质分解出的活性碳原子渗入工件表层，提高表层组织中的碳的质量分数，经淬火及低温回火使工件表层具有高的硬度和耐磨性，而心部仍保持原来的组织和性能的热处理工艺方法。

渗碳主要用于低碳钢和低碳合金钢，渗碳后工件表层碳的质量分数为0.85%～1.05%，经淬火与低温回火后表面硬度为56～64HRC，而心部仍保持良好的塑性、韧性。按所用的渗碳剂不同，渗碳的方法分为固体渗碳法和气体渗碳法等，目前生产中广泛应用的是气体渗碳法。

②渗氮。渗氮是使化学介质分解出的活性氮原子，渗入工件表层形成氮化层的热处理工艺方法。渗氮后的工件表面生成的氮化物，由于结构致密，硬度高，所以能抵抗化学介质的侵蚀，并具有比渗碳更高的表面硬度、耐磨性、热硬性和疲劳强度，不再需要淬火强化。

目前，常用的渗氮方法是气体渗氮，气体渗氮用钢以中碳合金钢为主，使用最广泛的钢为38CrMoAlA。

四、合金钢

合金钢就是在碳素钢的基础上，为了改善钢的性能，在冶炼时有目的地加入一些元素的钢，加入的元素称合金元素。合金钢常用的合金元素有锰、硅、铬、镍、钨、钒、钛、硼、稀土等。

(1)合金钢的特点　与碳素钢相比，合金钢具有如下特点：

①力学性能好。碳的质量分数相同的碳素钢与合金钢，经同样的热处理，其力学性能区别较大。如40钢经调质其抗拉强度 $R_m>750MPa$，而40Cr钢经调质其抗拉强度 $R_m>1000MPa$。在40钢和40Cr钢调质后硬度相同的情况下，40Cr钢的塑性和韧性比40钢好。

②具有较好的淬透性。工件淬火时，若能完全淬透，则经高温回火后，工件整个截面上都能获得良好的综合力学性能。如仅表面淬硬而心部未淬硬，即淬透性差，那么经高温回火后，工件的综合力学性能明显降低。相同直径的碳素钢与合金钢，碳素钢即使在剧烈的冷却介质中淬火，其淬透深度也是有限的。合金钢在同样介质中淬火，淬透深度要比碳素钢深，甚至在较缓慢的冷却介质中冷却，也能获得较深的淬透层。因此，大型结构零件一般均采用合金钢来制造。

③某些合金钢还具有特殊的物理、化学性能。如大量的镍、锰加入钢中，能使钢在室温下保持奥氏体组织，消失磁性成为无磁钢。大量的铬、镍加入钢中，能使钢的耐蚀性提高，成为不锈耐酸钢。硅、钼、铬、铝等元素加入钢中，又会使钢的抗氧化性和高温强度提高，成为耐热钢和抗氧化不起皮钢等。

但是，合金钢冶炼较困难、价格较高，且容易产生冶金缺陷，所以只有当碳素钢不能满足要求时才使用。

(2)合金钢的分类　合金钢的种类繁多，按用途可分为合金结构钢、合金工具钢和特殊性能钢。按合金元素的含量分为低合金钢[$w(Me)\leqslant5\%$]、中合金钢[$w(Me)=5\%\sim10\%$]和高合金钢[$w(Me)>10\%$]。

(3)合金钢钢号的表示方法　合金结构钢的钢号是采用“二位数字＋化学元素符号＋数字”的方法来表示的。前面的数字表示钢中碳的平均质量分数的万分之几，合金元素直接用化学元素符号表示，后面的数字表示合金元素平均质量分数的百分之几。凡合金元素平均质量分数 $w(Me)<1.5\%$时，钢号中只标明元素，一般不标明质量分数；如果平均质量分数 $w(Me)\geqslant1.5\%$、2.5%、3.5%……则相应地以2、3、4……表示。如果为高级优质钢，则在钢号后加“A”。例如：

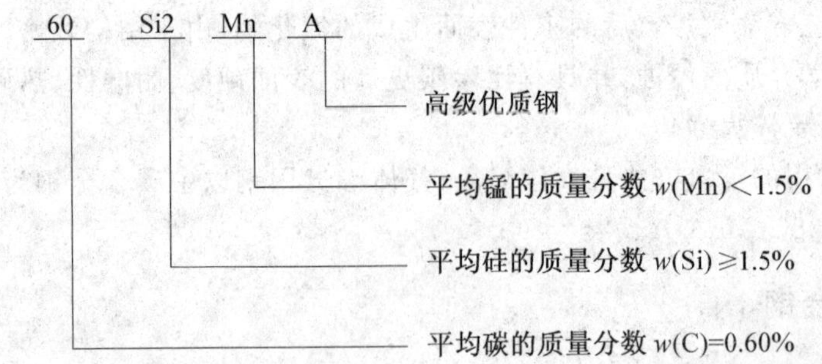

合金工具钢牌号的表示方法与合金结构钢大体相同，所不同的是碳的质量分数的表示方法。当平均碳的质量分数 $w(C)\geqslant1.0\%$时，在牌号中不标出；当平均碳的质量分数 $w(C)<1.0\%$时，则在牌号前以千分之几表示。例如：

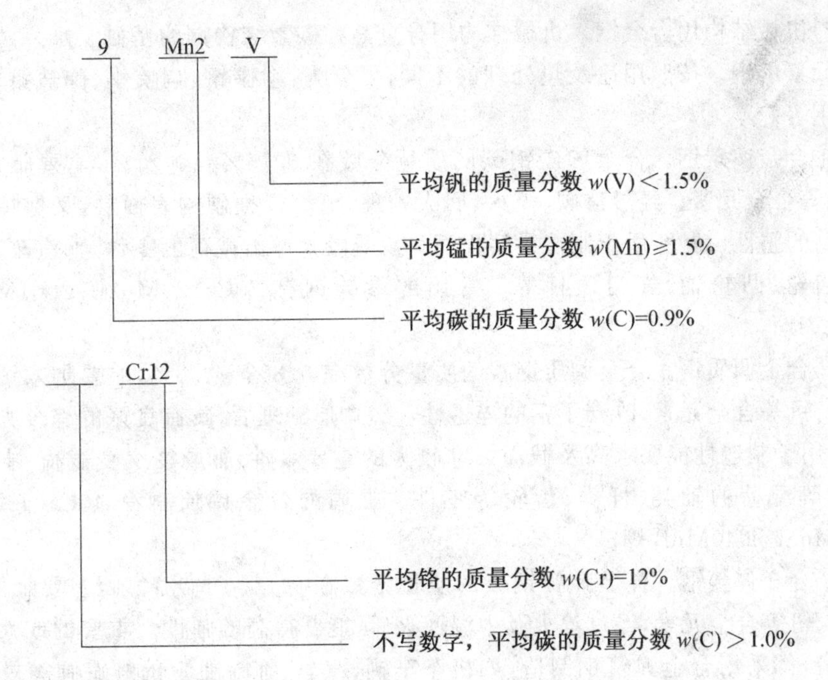

一些特殊专用钢，为表明其用途，在钢号前需附加字母。如滚动轴承钢(GCr15)，其钢号前面加“滚”字汉语拼音大写字母“G”表示。

(4)常用合金钢

1)低合金高强度结构钢　低合金钢是一类可焊接的低碳低合金工程结构用钢，主要用于房屋、桥梁、船舶、车辆、铁道、高压容器及大型军事工程等工程结构件。其中低合金高强度结构钢是结合我国资源条件(主要加入锰)而发展起来的优良低合金钢之一，钢中 w(C)≤0.2%(低碳使钢具有较好的塑性和焊接性)，w(Mn)＝0.8%～1.7%(Mn 为我国富有而便宜的元素)，辅以我国富产资源钒、铌等元素，通过强化铁素体、细化晶粒等作用，使其具备了高的强度和韧性、良好的综合力学性能、良好的耐蚀性等。

低合金高强度结构钢通常是在热轧经退火(或正火)状态下供应的，使用时一般不进行热处理。

低合金高强度结构钢分为镇静钢和特殊镇静钢，在钢号的组成中没有表示脱氧方法的符号，其余表示方法与碳素结构钢相同。例如 Q390A，表示屈服强度为390MPa 的 A 级低合金高强度结构钢。

由于低合金高强度结构钢具有一系列优良的性能，所以近年来发展极为迅速，有取代碳素结构钢的趋势，已成为我国钢铁生产的方向之一。特别是 Q345A(原16Mn)生产最早，产量最大，低温性能较好，可以在－40～450℃范围内使用。南京长江大桥就是采用 Q345A 建造的。目前，它已在锅炉、高压容器、油管、大型钢结构，以及汽车、拖拉机、挖掘机等方面获得广泛应用。

2)机械结构用合金钢 机械结构用合金是在碳素结构钢的基础上加入适量的合金元素的钢。按照用途及热处理的不同,可分为:渗碳钢、调质钢、弹簧钢、滚动轴承钢等。

①合金渗碳钢。合金渗碳钢碳的质量分数在0.15%~0.25%,主要加入锰、铬、硼等合金元素。经过渗碳、淬火、回火处理,可获得很硬的表面层,又保持心部有很高的塑性、韧性,适于制造易磨损而又承受较大冲击载荷的零件,如汽车、拖拉机的齿轮、凸轮轴、气门顶杆等。常用的渗碳钢有20Cr、20Mn2B、20CrMnTi、20MnVB。

②合金调质钢。合金调质钢碳的质量分数在0.3%~0.5%,主要加入锰、硅、铬、钼、钒等合金元素,改善了钢的淬透性。经调质处理后,具有良好的综合力学性能,适用于制造性能要求高及截面尺寸较大的重要零件,如承受交变载荷、中等转速、中等载荷的轴类、杆类、齿轮等零件。常用的合金调质钢有40Cr、40Mn2、35CrMnSi和40MnB等。

③合金弹簧钢。合金弹簧钢碳的质量分数在0.45%~0.70%,主要加入锰、硅、铬、钒等合金元素,经过淬火及中温回火后,能获得高的弹性。重要的或大断面的弹簧,都采用合金弹簧钢制造,如机车车辆、汽车、拖拉机上的螺旋弹簧及板弹簧、阀门弹簧等。常用的合金弹簧钢有60Si2Mn、50CrVA等。

④滚动轴承钢。滚动轴承钢是制造滚动轴承的内圈、外圈和滚动体的专用钢,也可用于制造工具、量具和模具等。

一般采用高碳铬钢作为滚动轴承钢,它的合金元素含量低,价格便宜,具有高强度、高耐磨性、良好的耐疲劳性和淬透性,还有良好的工艺性能。常用的滚动轴承钢有GCr6、GCr9、GCr15、GCr15SiMn等。

3)合金工具钢。

①量具刃具钢。量具是机械制造过程中控制加工精度的测量工具,如游标卡尺、千分尺、量块、样板等。它们在使用时常与被测工件接触,受到磨损和碰撞,因此量具应该有高硬度、耐磨,高的尺寸稳定性以及足够的韧性。量具刃具钢碳含量高,一般为$w(C)=0.9\%\sim1.5\%$。为了减少淬火变形,常加入Cr、W、Mn等元素,提高钢的淬透性,在淬火时可采用较缓和的冷却介质,减少热应力及变形,以保证高的尺寸精度。对简单量具如游标卡尺、样板、直尺、量规等,采用T10A、T11A、T12A、Cr2、9SiCr等钢制造;对形状复杂,精度要求高的量具如量块、塞规等,一般都采用热处理变形小的冷作模具钢,如CrWMn、CrMn或滚动轴承钢制造;对要求耐蚀性的量具可用马氏体型不锈钢如3Cr13、4Cr13、9Cr18等制造。

②耐冲击工具钢。这类钢是在CrSi钢的基础上添加质量分数为2.0%~2.5%的W,以细化晶粒,提高回火后的韧性,例如5CrW2Si钢等(GB/T 1299—2000),主要用作风动工具、錾、冲模、冷作模具等。

③模具钢。按模具工作条件不同,可分为冷作模具钢和热作模具钢。

冷作模具钢——是用来制造冷冲模、下料模、剪切模、拉丝模等冷态工作的模具。工作时，要求模具具有高的硬度（50～60HRC）、耐磨性和一定的韧性，同时要求在热处理时变形小，通常可以采用T10A、T12A、9Mn2V和9SiCr等。对于形状复杂，要求高精度、高耐磨性的模具，则选用Cr12和Cr12MoV等来制造。

热作模具钢——如热锻模、热压模，在工作过程中常常受到加热和冷却的交替作用，因此要求模具有足够的室温强度和韧性外，还应具有高的高温强度和耐热疲劳性。目前，常用的热作模具钢有5CrMnMo和5CrNiMo等。

④高速工具钢。高速工具钢是一种高合金钢，碳的质量分数范围为0.70%～1.65%，主要合金元素有钨、钼、钒等，w(Me)达10%～25%，具有很高的淬透性。热处理后具有高的热硬性和足够的强度，高的硬度和耐磨性。当以较高的切削速度进行加工时，仍能保持刃口锋利，故俗称为"锋钢"。高速钢在刀具材料中占有十分重要的位置。

高速钢的品种繁多，主要有钨系高速钢和钨钼系高速钢。钨系高速钢以W18Cr4V为代表，其突出优点是通用性强，工艺较成熟，所以广泛使用。但其碳化物偏析严重，热塑性低，不便于热成形，在加工特硬、特韧材料时，硬度和热硬性都不符合要求。同时它的合金元素含量较高，价格贵，主要用于制造工作温度在600℃以下、结构复杂的成形刀具和普通麻花钻等。

钨钼系高速钢以W6Mo5Cr4V2为代表，它是在钨系高速钢的基础上，以钼代替部分钨而制成的。其主要优点是由于钼的存在降低了碳化物偏析程度，提高热塑性，为高速钢的热成型创造了条件。经淬火、回火后，韧性和耐磨性均优于钨系高速钢，且通用性强，使用寿命长，价格低，故应用日益广泛。除可代替W18Cr4V制造麻花钻、滚刀、铣刀、插齿刀和扩孔刀等外，还适合制造薄棱刃及大截面的刀具。

4）特殊性能钢。具有特殊用途和特殊物理、化学性能的钢，称为特殊性能钢。常用的特殊性能钢主要有不锈钢、耐热钢和耐磨钢。

①不锈钢。不锈钢具有抵抗空气、水、酸、碱等腐蚀作用的能力，其成分特点是铬和镍的质量分数较高，碳的质量分数较低。常用的有铬不锈钢和铬镍不锈钢两种。

铬不锈钢的主要钢号有12Cr13、20Cr13、30Cr13和40Cr13，主要用来制造医疗工具、量具、阀门和滚动轴承配件等。

铬镍不锈钢主要钢号有06Cr18Ni10、12Cr18Ni9和17Cr18Ni9等。这类钢不仅具有良好的抗蚀能力，而且还能耐酸，可以用来制造盛酸类的容器与管道等。

②耐热钢。耐热钢能适应高温条件下工作，即在高温条件下仍具有高的强度和不被氧化的性能。耐热钢也含有较高的铬、镍，另外还含有钨、钼、钒等。

常用的耐热钢如下：15CrMo是典型的锅炉钢，可制造在350℃以下工作的零件；42Cr9Si2、40Cr10Si2Mo又称阀门钢，用以制造在500℃以下工作的排气阀。

③耐磨钢。耐磨钢可以在严重磨损及强烈撞击条件下工作。目前耐磨钢最常用的是高锰钢，钢号为ZGMn13（"Z""G"是"铸""钢"二字的汉语拼音字首）。这种高锰钢中锰的质量分数为13%左右，在铸造后经"水韧处理"即可使用。其方法是把钢加热到1000～1100℃，保持一段时间，然后迅速把钢淬于水中冷却。水韧处理后，高锰钢组织为单一奥氏体，硬度并不高，但当零件受到剧烈冲击作用，便产生加工硬化现象，使硬度大大提高，因而具有耐磨性。高锰钢主要用来制造拖拉机履带板、挖掘机铲齿、颚式破碎机的颚板和球磨机衬板等。

五、铸铁

铸铁具有良好的铸造性、减振性和切削加工性等特点，在机械制造中应用很广，常见的机床床身、工作台、箱体等形状复杂或受压力及摩擦作用的零件大多用铸铁制成。

工业上常用铸铁的碳的质量分数一般为2.5%～4.0%，此外，还含有较多的硅、锰、硫、磷等杂质。

(1)灰铸铁 灰铸铁的石墨呈片状分布，其基体可以是铁素体、铁素体＋珠光体和珠光体三种，分别称为铁素体灰铸铁、铁素体—珠光体灰铸铁和珠光体灰铸铁。

强度极低的石墨呈片状分布于基体上，造成对基体的割裂作用，同时会在石墨片的夹角处引起应力集中。因此灰铸铁的抗拉强度和塑性大大低于具有同样基体的钢。但它的抗压强度却与相同基体的退火钢相近。此外，由于石墨的存在，使灰铸铁具有良好的减振性、耐磨性和较低的缺口敏感性。由于普通灰铸铁具有上述特性，因而它主要用于制造承受压力和要求减振的床身、机架、箱体、壳体，经受摩擦的导轨等，以及其他低负荷、不重要的零件。

灰铸铁的牌号用"灰铁"二字的汉语拼音字首"HT"与其后面一组数字表示。数字表示铸铁最小抗拉强度 R_m 值。例如HT150表示最小抗拉强度 R_m 为150MPa的灰铸铁。

经孕育处理的铸铁称孕育铸铁。孕育处理可以使铸铁中的石墨细化并分布均匀，使铸铁各个部位都获得均匀一致的珠光体＋细石墨片的组织。它的强度、硬度、塑性和韧性均比其他牌号的灰铸铁高。

(2)可锻铸铁 可锻铸铁是将白口铸铁进行长时间退火而得到一种铸铁，其石墨呈团絮状。由于石墨呈团絮状，对基体的割裂作用较片状石墨小。因此，它比灰铸铁有良好的塑性、韧性和强度，但实际上仍是不可锻的。可锻铸铁可用来制造承受冲击、振动及扭转载荷下的工作零件。如凸轮、连杆、齿轮等。

根据采用的可锻化退火不同，可锻铸铁分为铁素体（黑心）可锻铸铁与珠光体可锻铸铁两种。

铁素体可锻铸铁断口呈黑灰色，基体组织为铁素体，具有较好的塑性、韧性。

珠光体可锻铸铁，断口呈亮灰色，基体组织为珠光体，具有一定的塑性和较高的强度。

铁素体可锻铸铁的牌号用"可铁黑"三字的汉语拼音字首"KTH"及其后面两组数字表示。两组数字分别表示抗拉强度 R_m 和断后伸长率 A 的最小值。例如：KTH300—06 表示 $R_m \geqslant 300MPa$，$A \geqslant 6\%$ 的黑心可锻铸铁；珠光体可锻铸铁的牌号用"可铁珠"三字的汉语拼音字首"KTZ"表示。例如 KTZ450—06 表示 $R_m \geqslant 450MPa$，$A \geqslant 6\%$ 的珠光体可锻铸铁。

(3)球墨铸铁　球墨铸铁是浇注前在灰铸铁的铁液中加入少量的球化剂（镁、钙和稀土元素等）和孕育剂（硅铁或硅钙合金），使石墨呈球状析出而得到的。按基体组织不同，球墨铸铁可分为铁素体球墨铸铁和珠光体球墨铸铁。以铁素体为基体的球墨铸铁，具有较高的塑性、韧性和一定强度，但硬度较低。以珠光体为基体的球墨铸铁具有较高强度、硬度和一定的韧性。

由于球墨铸铁中的石墨呈球状存在，对基体的割裂作用而引起应力集中程度较团絮状石墨小。球墨铸铁的热处理工艺性能较好，凡是钢可进行的热处理，一般都适合球墨铸铁，因此具有良好的综合力学性能。其屈服强度、抗拉强度、疲劳强度、耐磨性、耐热性都接近于钢甚至超过钢。球墨铸铁还具有良好的切削加工性和低的缺口敏感性。球墨铸铁具有优良性能，在许多地方可以代替钢材，甚至合金钢。它被广泛应用于制造柴油机、汽车发动机的曲轴、连杆、缸套、齿轮、支架等。

球墨铸铁的牌号用"球铁"二字汉语拼音字首"QT"及其后面两组数字表示。两组数字分别表示最低抗拉强度 R_m 与断后伸长率 A 的值。例如 QT400—18 表示 $R_m \geqslant 400MPa$，$A \geqslant 18\%$ 的球墨铸铁。

(4)蠕墨铸铁　对铁液进行蠕墨化处理可以获得蠕虫状形态石墨的蠕墨铸铁。其力学性能优于灰铸铁而低于球墨铸铁，与灰铸铁相比蠕墨铸铁不但韧性稍高、耐磨性好、断面敏感性小，而且抗氧化、抗热冲击性均比灰铸铁优越，但切削加工性稍差。蠕墨铸铁用于制造复杂的大型铸件和大型机床零件，如立柱等。特别适用于制造受冲击的铸件，如大型柴油机的气缸盖、制动盘和制动毂；也适用于制造耐压气密件，如阀体等。

蠕墨铸铁的牌号用符号"RuT"及其后数字表示，其中"RuT"是蠕铁两字汉语拼音的字母，其后面的数字表示最低抗拉强度（R_m）值。如 RuT340 表示抗拉强度 $R_m \geqslant 340MPa$ 的蠕墨铸铁。

六、非铁金属材料

在工业生产中通常称钢铁为黑色金属材料，而把所有钢铁以外的其他金属材料称为非铁金属材料。非铁金属材料的种类较多，它们常具有某些独特的性能和优点，如银、铜、铝及其合金具有较好的导电和导热性；铝、镁、钛等及其合金密度小；钨、钼、钽等及其合金能耐高温。因此，非铁金属材料是现代工业中不可缺少的金属材料。在机械工业中，常用的非铁金属材料，主要有铝及铝合金、铜及铜合金、轴承合金等。

(1)铝及铝合金

1)纯铝。纯铝的密度小($\rho=2.7\times10^3\mathrm{kg/m^3}$)，熔点低(660℃)，具有较好的导电和导热性。纯铝的强度和硬度都很低，但塑性好(断面收缩率 $Z=80\%$)。铝在大气中容易氧化，使表面生成一层致密的三氧化二铝保护薄膜，能阻止铝继续氧化，故铝在大气中具有良好的抗蚀能力。所以纯铝可以做导电体，电缆、铝丝及一些要求不锈耐蚀的用品和器皿。

工业纯铝的旧牌号有 L1、L2、L3……，符号 L 表示铝，后面的数字越大纯度越低。对应新牌号为 1070、1060、1050……。

2)铝合金。由于纯铝的强度很低，不适宜作承受载荷的结构零件。在纯铝中加入适量的硅、铜、镁、锰等合金元素，得到的铝合金，则可大大提高其力学性能，而仍保持其密度小、耐腐蚀的优点。许多铝合金还可通过热处理使其强化。铝合金可分为变形铝合金和铸造铝合金两大类。

①变形铝合金。按 GB/T 3190—2008 规定，变形铝合金采用四位字符牌号命名，牌号用 2×××～8×××系列表示。牌号的第一位数字是以主要合金元素 Cu、Mn、Si、Mg、Mg+Si、Zn 和其他元素的顺序来表示变形铝合金的组别。牌号第二位的字母表示原始纯铝的改型情况，如果字母为 A，则表示为原始纯铝，若为其他字母，则表示为原始纯铝的改型。牌号的最后两位数字用来区分同一组中不同的铝合金。如：2A11 表示以铜为主要合金元素的变形铝合金。

变形铝合金根据其主要性能特点，分为防锈铝合金、硬铝合金、超硬铝合金和锻造铝合金。它们常由冶金厂加工成各种规格的型材、板、带、线、管等供应。

a. 防锈铝合金。防锈铝合金属于铝—锰系或铝—镁系合金。这类合金不能进行时效强化，一般采用冷变形方法来提高其强度。铝—锰系合金常用的牌号是 3A21。铝—镁系合金常用的牌号是 5A02、5A05 等。

防锈铝的塑性和焊接性能很好，但切削加工性较差。主要用于制造各种高耐蚀性的薄板容器、防锈蒙皮、管道、窗框等受力小、质轻的制品与结构件。

b. 硬铝合金。硬铝合金属于铝—铜—镁系三元合金。常用的硬铝如 2A01、2A10、2A11、2A12 等，都可以通过时效强化获得较高的强度和硬度，也可进行变形强化。

目前，硬铝 2A01、2A10 主要用来制造飞机上常用的铆钉；2A11 主要用于制造中等载荷、形状复杂的结构零件，如骨架、螺旋桨叶片、螺栓等；2A12 主要用于制造飞机上的重要构件，如飞机翼肋、翼梁等受力构件。

c. 超硬铝合金。超硬铝合金属于铝—铜—镁—锌系四元合金，时效强化后具有比硬铝更高的强度和硬度。超硬铝的抗拉强度 R_m 可达 600MPa，其比强度已相当于超高强度钢，故名超硬铝。但其耐蚀性较差，常用包铝法来提高耐蚀性。

目前最常用的超硬铝有7A04，主要用于制作受力大的结构零件，如飞机起落架、大梁、加强框、桁条等。在光学仪器中，用于要求质量轻而受力大的结构零件。

d. 锻造铝合金。锻造铝合金多数为铝—铜—镁—硅系四元合金，具有良好的热塑性，适于锻造。

常用的锻铝有2A50、2A14等，主要用于制造航空及仪表工业中各种形状复杂、受力较大的锻件或模锻件，如各种叶轮、框架、支杆等。

②铸造铝合金。铸造铝合金的代号用“铸铝”二字的汉语拼音字首“ZL”加三位数字表示。其中第一位数字表示合金的类别，第二、三位数字表示合金的顺序号。例如：ZL102表示2号铸造铝硅合金。铸造铝合金种类较多，但应用最广的是铝—硅合金。它具有良好的铸造性能和耐蚀性。常用来制造内燃机活塞、气缸盖、气缸体、气缸散热套等。

(2)铜及铜合金

1)纯铜。纯铜具有良好的导电导热性，其熔点为1083℃，密度为$8.93\times10^3kg/m^3$，有很好的塑性、抗蚀性。工业纯铜牌号有T1、T2、T3三种，序号越大，纯度越低。T1、T2主要用来制造导电器材或配制高级铜合金，T3主要用来配制普通铜合金。

2)黄铜。黄铜是铜和锌的合金，它的颜色随锌的质量分数的增加，由黄色变到淡黄色。它分普通黄铜和特殊黄铜两大类。

①普通黄铜。普通黄铜为简单的铜锌合金。当锌的质量分数$w(Zn)=30\%\sim32\%$时，塑性最好，$w(Zn)=39\%\sim40\%$时，塑性下降，而强度增加，$w(Zn)=45\%\sim47\%$时，强度也要下降。因此，常用普通黄铜锌的质量分数不超过47%。

黄铜的牌号以“黄”字汉语拼音字首“H”加二位数字表示，数字表示铜的质量分数的平均值，用百分之几表示。例H68即为铜的质量分数$w(Cu)=68\%$的铜锌合金。其中H96具有良好的塑性和抗蚀性，可冷拉成黄铜管，用作散热器、冷凝器的管子；H70具有较高的强度和优异的冷热变形能力，可以热轧和冷轧成板材、带材、棒材和冷拉成线材、管材，用作深冲压零件，如弹壳、轴套、散热器等。

②特殊黄铜。特殊黄铜是在普通黄铜中另加铝、锰、锡、铁、镍等元素，以提高强度。铝、镍、硅、锰等还可提高黄铜的耐蚀性。

3)青铜。青铜是指黄铜、白铜(铜镍合金)以外的其他铜合金。其中铜锡合金称锡青铜，其他青铜称特殊青铜。

①锡青铜。锡青铜的特点是具有高的耐磨性、耐磨蚀性和良好的铸造性能。合金中锡的质量分数一般不超过10%。锡的质量分数过高会降低塑性。锡含量低的锡青铜适于压力加工，锡含量较高的锡青铜适于铸造。

压力加工锡青铜的牌号用“Q+Sn+数字”表示，Q是“青”字的汉语拼音字首，Sn表示主加元素锡，数字依次表示主加元素和其他加入元素平均质量分数的百分之几。例 QSn6.5—0.4 表示 $w(Sn)=6.5\%$，$w(P)=0.4\%$的锡青铜。铸造锡青铜的牌号前加“铸”字的汉语拼音字首“Z”字和基体金属及主要合金元素符号表示，合金元素的质量分数大于或等于 1%时，用其百分数的整数标注，小于 1%时，一般不标注。如 ZCuSn10P1 表示 $w(Sn)=10\%$，$w(P)=1\%$的铸造青铜。

锡青铜一般多用于耐磨零件和酸、碱、蒸汽等腐蚀性气体接触的零件，如蜗轮、衬套、轴瓦等。

②特殊青铜。其中以铝为主加合金元素的铜合金，称为铝青铜；铝青铜具有高的强度、耐蚀性和抗磨性，适于制作蜗轮等零件。以铍为主加合金元素的铜合金，称为铍青铜；铍青铜具有高的弹性极限，主要用于制作各种精密仪器、仪表的重要弹性元件，如钟表齿轮、高温高速下工作的轴承等。

(3)滑动轴承合金 常用的轴承合金有锡基轴承合金和铅基轴承合金两类。

①锡基轴承合金。锡基轴承合金是以锡、锑以及少量铜构成的铸造合金（如 ZChSnSb10Cu6、ZChSnSb8Cu4）。主要用于高速、重载等情况下，如大功率汽轮机、电动机、发电机的轴承。

②铅基轴承合金。铅基轴承合金是以铅、锑、锡以及少量铜构成的铸造合金（如 ZChPbSb16Sn16Cu2）。主要用于高速、中载或中速、重载条件下，如汽轮机、发电机、减速器、球磨机及轧钢机等机械的轴承。

(4)硬质合金 硬质合金是用粉末冶金工艺制成的一种工具材料。它是将一些难熔的碳化钨（WC）、碳化钛（ TiC）化合物粉末和粘结剂金属钴（Co）相混合，经加压成形、烧结而制成的。其特点是具有很高的硬度（69～81HRC）和热硬性（可达 900～1000℃）、良好的耐磨性并具有较高的抗压强度。它可以加工高速钢刀具所不能加工的材料，能成倍地提高切削速度，延长刀具寿命。由于硬质合金的硬度高、性脆，故经常制成一定规格的刀片，镶焊在刀体上使用。

常用的硬质合金有钨钴类（K 类）和钨钛钴类（P 类）两类。

①钨钴类硬质合金。钨钴类硬质合金的牌号用“硬”、“钴”二字汉语拼音字首“YG”加钴的百分含量表示。如 YG6 表示 $w(Co)=6\%$的硬质合金，其余成分为 WC。钴的含量越高，硬质合金的强度越高，韧性越好，而硬度越低，耐磨性越差。含钴量高的硬质合金刀具用于冲击振动大的粗加工，含钴量少的硬质合金刀具用于精加工。

②钨钛钴类硬质合金。钨钛钴类硬质合金的牌号用“硬”“钛”字汉语拼音字首“YT”加 TiC 的百分含量表示。如 YT14 表示 $w(TiC)=14\%$的硬质合金，其他主要化学成分是 WC 及 Co。TiC 的含量越高，硬质合金的硬度越高，耐热性越好，而强度越低，韧性越差。因此，含 TiC 多的硬质合金刀具用于工作条件比较稳定的精加工；含 TiC 少的硬质合金刀具用于粗加工。

钨钴类硬质合金有较好的强度和韧性，刃磨性也较好。这类硬质合金制作的刀具适于加工铸铁和有色金属；钨钛钴类硬质合金有较好的耐磨性和耐热性，这类硬质合金制作的刀具适于加工钢材。

第四节 金属切削和刀具

一、金属切削基本知识

利用刀具从工件上切除多余金属材料,以获得规定的几何形状、尺寸和表面质量要求的加工方法统称金属切削。常用的车、铣、刨、磨、钻、刮、錾等切削方法都是金属切削加工。

(1)切屑的形成 用刀具切削金属材料必须具备两个条件:一是刀具的切削部分的硬度要比工件被切处高;二是刀具切削部分要有合理的形状——楔形。

在切削过程中,刀具挤压工件,使被挤压的金属产生塑性变形。当剪切应力超过金属的强度极限时,金属层就被切离下来成为切屑。随着切削的进行,切屑不断产生,逐步形成已加工表面,切削形成过程如图1-29所示。

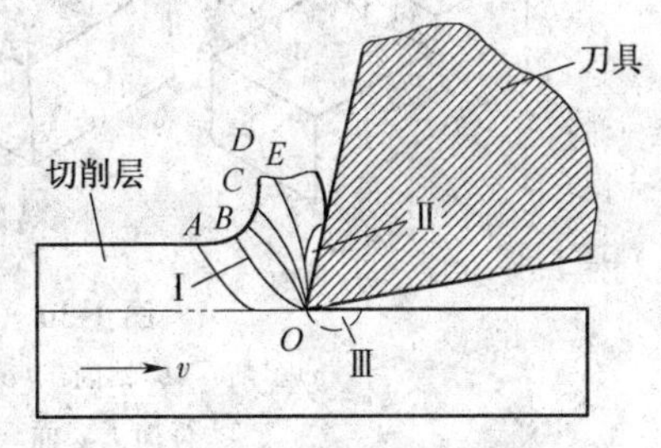

图1-29 切屑形成过程

(2)切削运动 金属切削加工中,刀具与工件做相对运动,产生切屑,从而完成切削加工动作。由机床实现刀具与工件的相对运动称为切削运动。切削运动分为主运动和进给运动两类。

①主运动。主运动是形成机床切削速度或消耗主要动力的工作运动,是从工件上把切屑层切下来所必需的运动,如车床主轴转动、钻孔时钻头的转动,铣刀的转动等。

②进给运动。使工件上切削层不断投入切削的运动。车外圆时,车刀的纵向走刀运动即是进给运动。

切削运动及加工表面如图1-30所示。

(3)切削表面 切削时工件上有三个不断变化的表面,分别称为待加工表面、过渡表面和已加工表面。图1-29中Ⅰ、Ⅱ、Ⅲ所指之处即是三个切削表面:

①待加工表面。工件上即将被切去切屑的表面。

②过渡表面。工件上切削刃正在切削的表面。

③已加工表面。工件上已切去切屑的表面。

(4)切削用量 切削过程中的切削速度、进给量和吃刀量统称为切削用量三要素。

①切削速度。主运动的线速度称为切削速度。主运动为旋转运动时,切削速度 v_c 等于

$$v_c=\pi dn/1000$$

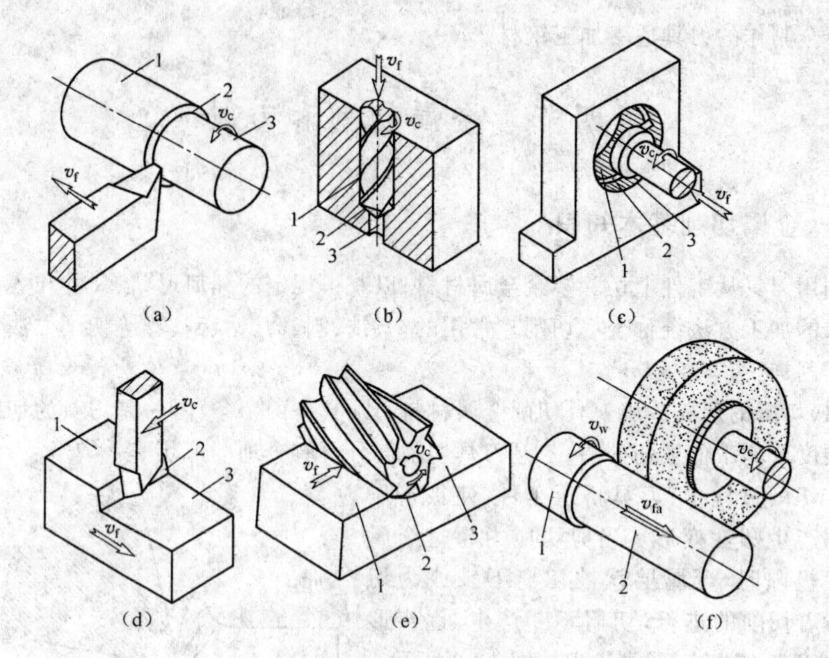

图 1-30　切屑运动及加工表面

(a)车削　(b)钻削　(c)镗削　(d)刨削　(e)铣削　(f)磨削

1. 待加工表面　2. 过渡表面　3. 已加工表面

v_c——主运动　v_f、v_{fa}、v_w——进给运动

式中　v_c——切削速度(m/min)；

d——工件待加工表面直径(mm)；

n——工件或刀具转速(r/min)。

当主运动为往复直线运动，如刨削，切削速度 v_c 等于

$$v_c = 2Ln_r/1000$$

式中　L——刀具往复直线运动的行程(mm)；

n_r——刀具每分钟往复的次数(次/min)。

②进给量 f。工件或刀具每转一周，刀具与工件之间沿进给方向相对位移的距离称为进给量 f。

③吃刀量 a_p。一次切削时，刀具的吃刀深度称为吃刀量 a_p。

切削用量是决定质量好坏、效率高低等经济技术指标的重要参数，是安排加工工艺的重要依据，一般由工艺文件规定。少量或单件生产时，切削用量的选择多依赖操作技工的经验来确定。一般情况下，工件尺寸大时，转速低一些，进给量小一点；加工毛坯时，吃刀深一点，走刀慢一点。

(5)切削热和切削液

①切削热。切削过程中，由于被切材料的强烈变形以及工件与刀具的摩擦而产生的热量称为切削热。切削热主要通过切屑、刀具、工件和切削液传递出去。在

不使用切削液时，大部分切削热由切屑带走，其次是传入到工件及刀具中。

切削热的存在使刀具的硬度降低，加速刀具磨损而失去切削能力。切削热对工件表面质量也有极不利的影响。降低切削温度是预防切削热不利影响的有效途径。

②切削液。切削塑性材料（钢）时，采用切削液对切削区进行冷却，可以大大降低切削温度，对延长刀具寿命，提高加工质量和生产效率极为有利。

切削液主要有乳化液、煤油以及其他切削油，它们都具有冷却、润滑、清洗和防锈作用。切削铸铁类脆性材料时，一般不使用切削液。

二、刀具的几何参数

(1)典型刀具的结构　外圆车刀是最基本、最典型的刀具，如图 1-31 所示。外圆车刀的基本组成可分为刀体和刀柄两部分。刀体是用来切削的，又称为切削部分；刀柄是用来将车刀夹固在车床刀架上的。刀具的几何参数主要指的是切削部分的几何参数。

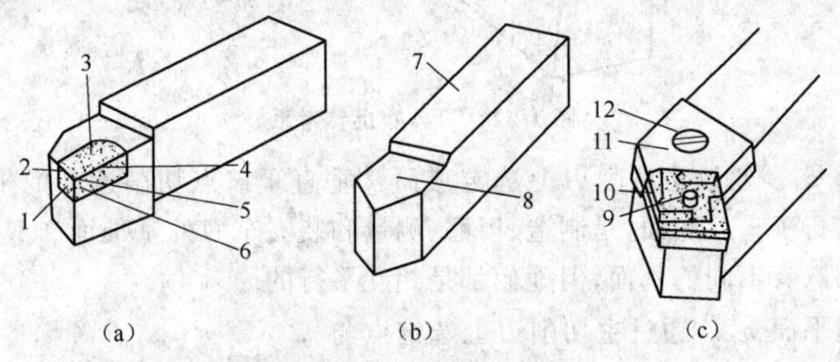

图 1-31　外圆车刀

(a)焊接式　(b)整体式　(c)机夹式

1. 副后面　2. 副切削刃　3. 前面　4. 主切削刃　5. 刀尖　6. 后面　7. 刀柄　8. 刀体　9. 圆柱销　10. 刀片　11. 楔块　12. 夹紧螺钉

(2)刀具的几何参数　刀体的几何参数有三个表面、两个切削刃和一个刀尖。

①前面 A_γ。刀具上切屑流出的表面称前面，如图 1-31 所示之 3。

②后面 A_α。与工件上的过渡表面相对的表面称为后面，又称主后面，如图 1-31 所示之 6。

③副后面 A'_α。与工件上的已加工表面相对的表面称为副后面，如图 1-31 所示之 1。

④主切削刃 S。前面与主后面的交线称为主切削刃，它承担着主要的切削工作，如图 1-31 所示之 4。

⑤副切削刃 S'。前面与副后面的交线为副切削刃，如图 1-31 所示之 2。

⑥刀尖。刀尖是主、副切削刃的交点，如图 1-31 所示之 5。通常，刀尖为短直线或圆弧，以提高刀具的使用寿命。

不同类型的刀具,其刀面、切削刃的数目不完全相同。例如,车床上用的切断刀就有两个副切削刃。

对于复杂的刀具或多齿刀具,就其中一个齿来说,其几何形状都相当于一把车刀的刀体。因此,掌握车刀的特性对理解其他切削刀具有典型的意义。

(3)确定车刀几何角度的辅助平面　确定车刀的几何角度需要三个辅助平面,即基面、切削平面和正交平面,刀具静止参考系如图 1-32 所示。

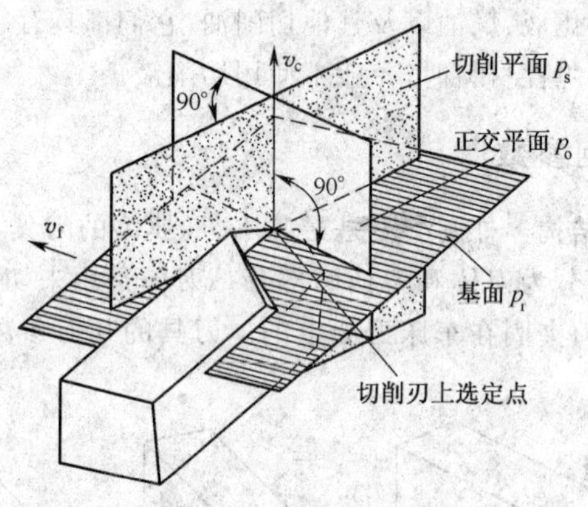

图 1 32　刀具静止参考系

①基面 p_r。通过主切削刃上选定点而又垂直于该点切削速度的平面称为基面。基面平行于车刀底面,是制造、刃磨、测量和装夹车刀的基准面。显然,主切削刃上不同的点有不同的基面,但他们都是相互平行的。

②切削平面 p_s。通过主切削刃上选定点与主切削刃 S 相切且垂直于基面 p_r 的平面称为切削平面。

③正交平面 p_o。通过主切削刃上选定点并同时垂直于基面 p_r 和切削平面 p_s 的平面称为正交平面。

(4)车刀的几何角度　车刀的几何角度是在上述三个辅助平面内测量和标注的。车刀几何角度如图 1-33 所示。

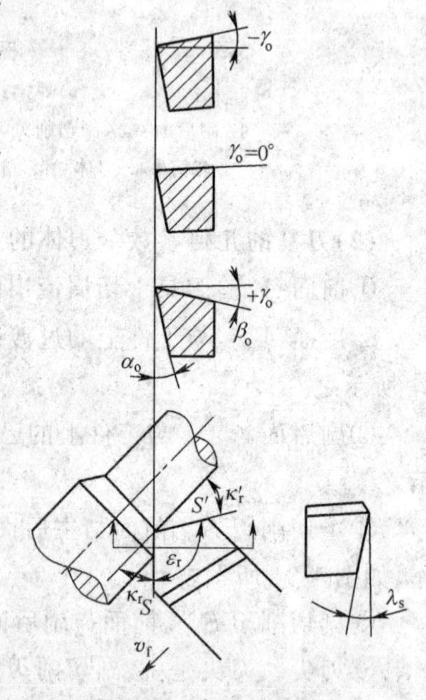

图 1-33　车刀几何角度

①在正交平面 p_o 内测量的角度有 3 个,即前角 γ_o、后角 α_o 和楔角 β_o。

前角 γ_o——前面与基面的夹角;

后角 α_o——主后面与切削平面的夹角;

楔角 β_o——前面与主后面的夹角。

$\gamma_o+\alpha_o+\beta_o=90°$,故 $\beta_o=90°-(\alpha_o+\gamma_o)$

②在基面 p_r 内测量的角度有 3 个,即主偏

角 κ_r、副偏角 κ'_r 和刀尖角 ε_r。

主偏角 κ_r——主切削刃 S 与进给速度 v_f 方向之间的夹角；

副偏角 κ'_r——副切削刃与进给速度反方向之间的夹角；

刀尖角 ε_r——主切削刃与副切削刃之间的夹角。且

$$\varepsilon_r = 180° - (\kappa_r + \kappa'_r)$$

③在切削平面内测量的角度有刃倾角 λ_s。刃倾角 λ_s 为主切削刃 S 与基面之间的夹角，车刀的刃倾角如图 1-34 所示。

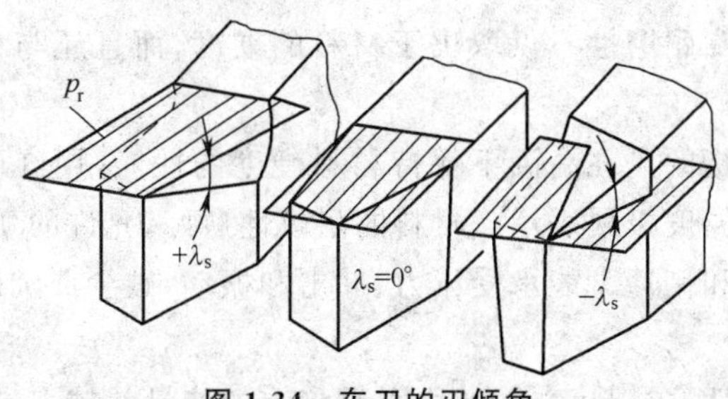

图 1-34　车刀的刃倾角

前角和刃倾角均可有正值、负值和零三种情况，视不同的切削要求选用。

刀具独立的几何角共 5 个，分别是前角 γ_o、后角 α_o、主偏角 κ_r、副偏角 κ'_r、刃倾角 λ_s。

(5)刀具几何角度对切削过程的影响

①加大前角 γ_o 能使切削刃锋利，减少切屑变形，使切削省力，排屑顺畅，但会削弱刀楔的强度。只有在精加工或半精加工时，采用较大前角的刀具为宜。

②主后角 α_o 的作用是减少后刀面与工件之间的摩擦。刀具磨损时，主后角减小，刀具后面与工件摩擦加大，大大降低加工质量，使切削无法正常进行，需要重新刃磨出合理的主后角才能继续使用。如钻头磨损后无法正常钻孔，需重磨钻头后面，形成合理的后角才可以重新钻孔。过大的后角对切削刃的强度不利。所谓刀具磨钝，实质是其主后角被磨成零度了。

③主偏角 κ_r 能改变主切削刃与刀尖的受力和散热情况，一般说来加大主偏角有利于刀具寿命的延长。

④副偏角 κ'_r 能减少副切削刃与已加工表面之间的摩擦，改善表面粗糙度。

⑤刃倾角 λ_s 的正、负和零对排屑方向有明显的效果。正刃倾角使切屑向待加工表面方向排出，不会伤及已加工面；负刃倾角使切屑向已加工表面方向排出，影响表面质量；零刃倾角使切屑垂直于主切削刃方向排出。实际加工时，采用何种刃倾角一般由工艺卡片决定。

刀具的几何角度一经确定，需要在专门的工具磨床上由专业的操作者磨制，一般手工刃磨是无法精确达到要求的，但对于常用刀具，如麻花钻、錾子、车刀等，有经验的技术工人仍然可用手工刃磨使其恢复性能。

三、刀具材料

(1)对刀具材料的基本要求 刀具切削部分在切削时要承受较大的切削压力、较高的切削温度、剧烈的摩擦以及振动与冲击等,因而对刀具材料提出了较高的性能要求。

①高硬度。刀具切削部分材料的硬度应至少比工件材料高1.3~1.5倍,才能从工件上切下多余金属。一般要求在60HRC以上。

②高耐磨性。高耐磨性不仅取决于材料的硬度,而且还与它的化学成分和显微组织有关。

③高耐热性。指的是在高温下保持材料硬度的性能,用红硬性即维持刀具材料切削性能的最高温度极限表示。材料的耐热性愈好,允许的切削速度愈高。

④足够的强度和韧性。能承受压力、冲击和振动,减少或消除切削刃或刀齿崩裂或破损的可能。

⑤良好的导热性。导热率越大,由刀具传出的热量就越多,有利于降低切削温度和提高刀具寿命。

⑥较好的工艺性。为便于制造,刀具材料应具有良好的切削加工性、热处理工艺性和焊接性。

(2)常用的刀具材料 常用的刀具材料有碳素工具钢、合金工具钢、高速钢、硬质合金等。

①碳素工具钢。碳含量在0.65%~1.3%。碳素工具钢价格低廉,淬火后硬度较高(60~64HRC),刃磨后刀口锋利。但耐磨性差,淬透性差、淬硬层薄,温度超过200℃时硬度就显著下降,适用于制造低速手工工具,如手用铰刀、锉刀和锯条等。常用牌号有T10A和T12A等。

②合金工具钢。为了改善碳素工具钢的性能,加入某些合金元素,如铬、锰、硅、钨、钒等。合金工具钢适用于制造形状复杂的刀具,如丝锥、板牙等。常用牌号有9SiCr、CrWMn等。

③高速钢。钢内含有钨、钼、铬、钒等合金元素,因其切削速度较上述两种钢成倍提高而得名。高速钢具有良好的淬透性,小型刀具在空气中冷却即能获得高硬度,且能刃磨锋利,故又称锋钢。磨光的高速钢亦称白钢。

高速钢具有高的热硬性,在550℃~650℃时仍能保持高硬度进行切削。它具有较高的强度、韧性,良好的加工工艺性和可锻性,热处理变形小,特别适用于制造各种结构复杂的成形刀具,常用于制造车刀、铣刀、钻头、铰刀、板牙、齿轮和螺纹刀具等,应用广泛。常用牌号有W18Cr4V、W14Cr4VMnRe和W12Cr4V4Mo等。

④硬质合金。以硬度和熔点都很高的碳化物粉末为主要成分(如碳化钨、碳化钛)和金属粘结剂(如钴)用粉末冶金方法制成。特点是具有高的硬度(常温下89~94HRC)、高的耐热性(耐热温度可达800℃~1000℃)。缺点是韧性很差。通常把

它制成不同形状的刀头，再用焊接或紧固件镶嵌在刀体上，如铣刀、铰刀等。硬质合金分 K 类(钨钴类)、P 类(钨钴钛类)、M 类(通用类)。近年来发展的新型硬质合金有涂层硬质合金、超细晶粒硬质合金、TiC 基硬质合金和钢结硬质合金等。

四、车刀

车刀是金属切削加工中应用最广泛的一种刀具，它可以在各种车床上完成工件的外圆、端面、内孔、锥体、倒角、车螺纹、车槽或切断以及其他成形表面等加工工艺。

(1)车刀按用途分类　按用途不同车刀可分为外圆车刀、端面车刀、切断车刀、螺纹车刀及内孔车刀等，如图 1-35 所示。

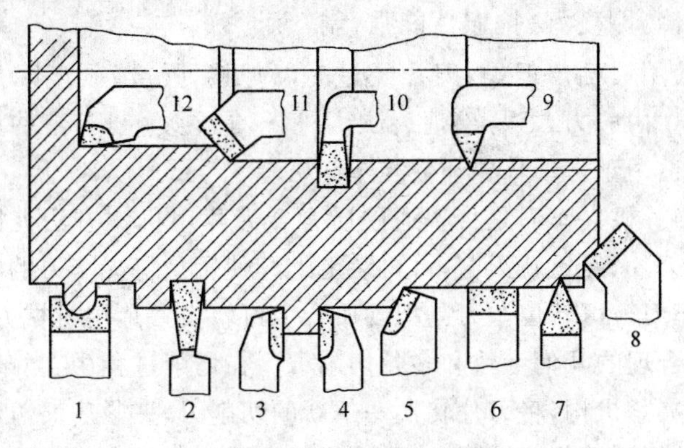

图 1-35　车刀类型

1. 成形车刀　2. 切断刀　3. 左刃 90°偏刀　4. 右刃 90°偏刀　5. 外圆车刀　6. 宽刃精车刀　7. 外螺纹车刀　8. 端面车刀　9. 内螺纹车刀　10. 内槽车刀　11. 通孔车刀　12. 不通孔车刀

①外圆车刀。外圆车刀主要用来加工工件的外圆柱、外圆锥等。按进给方向有左切车刀(车削外圆时，车刀由左向右进给)与右切车刀两种。当车刀的主偏角 $\kappa_r=45°$时，可加工端面和倒角。当主偏角 $\kappa_r=90°$时，称为 90°偏刀，主要用来加工细长轴和阶梯轴。

②端面车刀。端面车刀是用来加工与工件轴线垂直的平面。端面车刀的特点是切削速度是连续变化的，在近工件中心处的切削速度接近于零。

③切断车刀。切断车刀有四个面、一个主切削刃、两个副切削刃和两个刀尖。可看作两把端面车刀的组合，能同时车出左、右两个端面，是用来车槽和切断的。

车槽刀又有外槽车刀与内槽车刀之分。

④内孔车刀。车内孔是常用的加工方法，可在车床上进行。可进行粗、精加工，一般镗孔加工，公差等级可达 IT7，表面粗糙度值为 $Ra0.6\sim0.8\mu m$。

车内孔的一个很大特点是修正上一工序所造成的轴线偏斜等缺陷。

按加工孔的结构特点，内孔车刀又可分为通孔车刀与不通孔车刀两种。通孔车刀的主偏角 κ_r 一般为 45°～75°，不通孔车刀的 κ_r 大于或等于 90°。图 1-36 所示为内孔车刀。

(2)车刀按结构分类　按结构不同车刀可分为整体式车刀、焊接式车刀、机夹式车刀、可转位式车刀和成形车刀等。

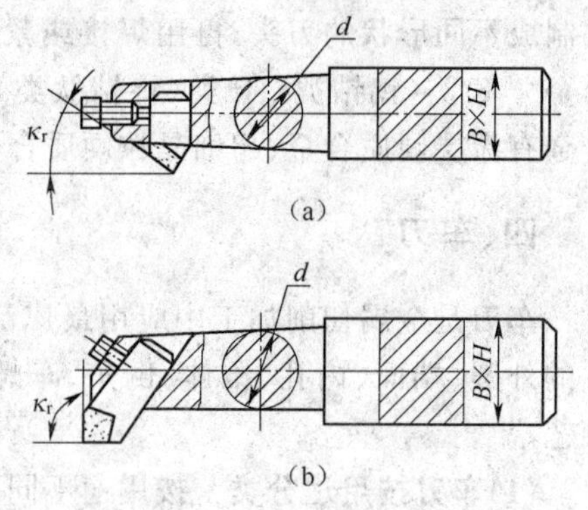

图 1-36　内孔车刀

(a)通孔车刀　(b)不通孔车刀

①整体式车刀。一般用高速钢制造，刃磨方便、使用灵活，但硬度、耐热性较低，通常用于车削非铁金属工件，小型车床上车削较小工件。

②焊接式车刀。是由硬质合金刀片和普通结构钢刀杆通过焊接而成。焊接式车刀结构简单、紧凑，刚度好、抗振性能强，制造、刃磨方便，使用灵活。但是，刀片经过高温焊接，强度、硬度降低，切削性能下降，刀片材料产生内应力，容易出现裂纹，刀柄不能重复使用，浪费原材料，换刀及对刀时间长，不适用于自动车床和数控车床。

③机夹车刀。机夹车刀是将普通硬质合金刀片用机械方法夹固在刀柄上，刀片磨钝后，卸下刀片，经重新刃磨，可再装上继续使用。机夹车刀的特点如下：

④可转位车刀。可转位车刀是把硬质合金可转换刀片用机械方法夹固在刀柄上，刀片上具有合理的几何参数和多条切削刃。在切削过程中，当某一条切削刃磨钝后，只要松开夹紧机构，将刀片转换一条新的切削刃，夹紧后又可继续切削，只有当刀片上所有的切削刃都磨钝了，才需更换新刀片。

五、铣刀

(1)铣刀的特点　铣削是目前应用广泛的切削加工方法之一。由于铣刀是一种在圆柱表面上或端面上具有刀齿的多刃刀具，同时参加切削的切削刃总长度较长，切削时没有空行程，可使用较高的切削速度，因此生产率较高。

铣刀的每一个刀齿相当于一把车刀，但铣削是断续切削，切削厚度和切削面积随时在变化，所以铣削有如下特点：

①铣削过程中，切削厚度和侧吃刀量随时在变化，因而切削力波动，引起切削过程不平稳，同时，铣削时铣刀刀齿依次切入和切出工件，故产生周期性振动。

②铣削属断续切削，切削刃受冲击，刀具寿命短，甚至崩刃。

③在切削过程中，刀齿的后面磨损加剧，工件加工硬化现象严重，表面粗糙。

④铣削的排屑属于半封闭式，因此铣刀槽要有足够的容屑空间，以免排屑困难，甚至把铣刀刀齿挤断。

(2)铣刀的类型　铣刀的类型很多，常用的有圆柱形铣刀、面铣刀、三面刃铣刀、立铣刀、键槽铣刀、半圆键槽铣刀、锯片铣刀、角度铣刀和成形铣刀等，如图 1-37 所示。

1)按铣刀用途分类。

①加工平面用的铣刀：加工平面一般都用圆柱形铣刀、面铣刀(图 1-37a、b、c)。对较小的平面，也可用立铣刀和三面刃铣刀加工。

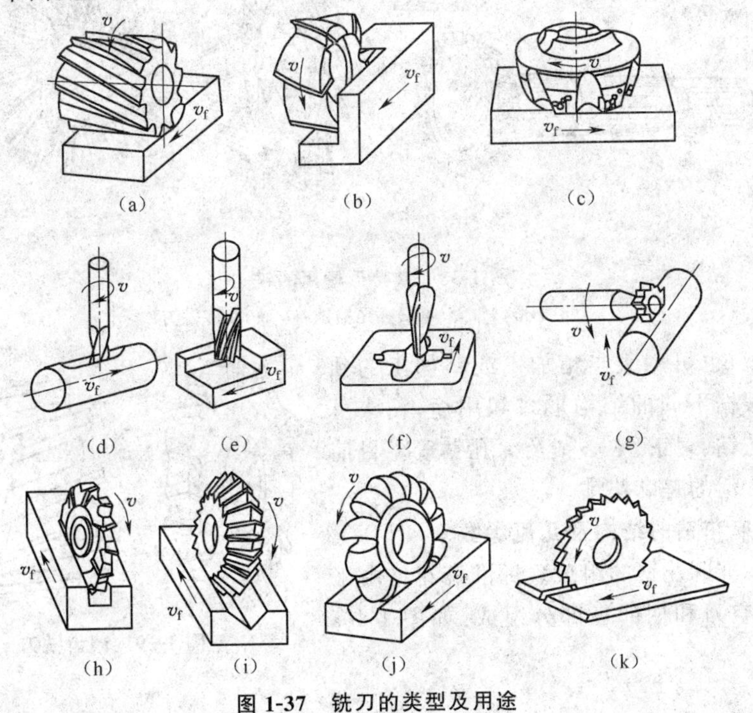

图 1-37　铣刀的类型及用途

(a)圆柱形铣刀　(b)、(c)面铣刀　(d)键槽铣刀　(e)立铣刀　(f)模具铣刀　(g)半圆键铣刀　(h)交错齿三面刃铣刀　(i)双角铣刀　(j)成形铣刀　(k)锯片铣刀

②加工沟槽和台阶面用的铣刀：如立铣刀、键槽铣刀、模具铣刀、半圆键槽铣刀、三面刃铣刀和角度铣刀等(图 1-37d、e、f、g、h、i)。

③加工成形表面用的铣刀：如图 1-37j 所示，有半圆形铣刀等各种成形铣刀。

④切断用的铣刀：如图 1-37k 所示为锯片铣刀，这种铣刀也可用于铣窄槽。

⑤加工特种沟槽用的铣刀：如图 1-38 所示，有 T 形槽铣刀、燕尾槽铣刀和角度铣刀等。

2)按铣刀结构分类。

①整体铣刀：铣刀齿和铣刀体是一整体的。这类铣刀的体积一般都较小，如直径不大的三面刃铣刀、立铣刀、锯片铣刀等。

②镶齿铣刀：为了节省贵重材料，用好的材料做刀齿，较差的材料做刀体，然后镶合而成，其结构如图 1-39 所示。直径大的铣刀和面铣刀大都采用这种结构。

六、钻头

(1)钻头的种类　钻头是钻孔或扩孔的刀具，它一般用于实心材料上钻孔。用

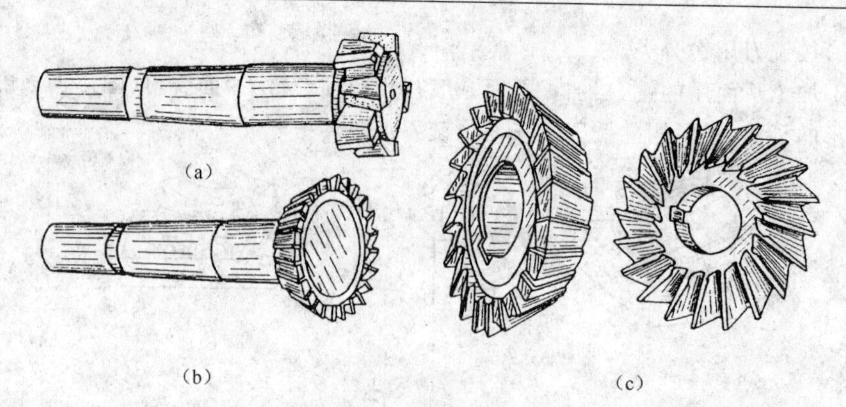

图 1-38 铣特形槽用的铣刀

(a)T 形槽铣刀 (b)燕尾槽铣刀 (c)角度铣刀

于粗加工,也可用于半精加工或精加工的预钻孔。根据不同的结构形式和用途,钻头可分为麻花钻、扁钻、中心钻及深孔钻等。目前使用最广泛的是麻花钻。

图 1-39 镶齿铣刀

(2)麻花钻的结构及几何参数

1)标准麻花钻的组成。标准麻花钻由工作部分、空刀和柄部三部分组成,如图 1-40a 所示。

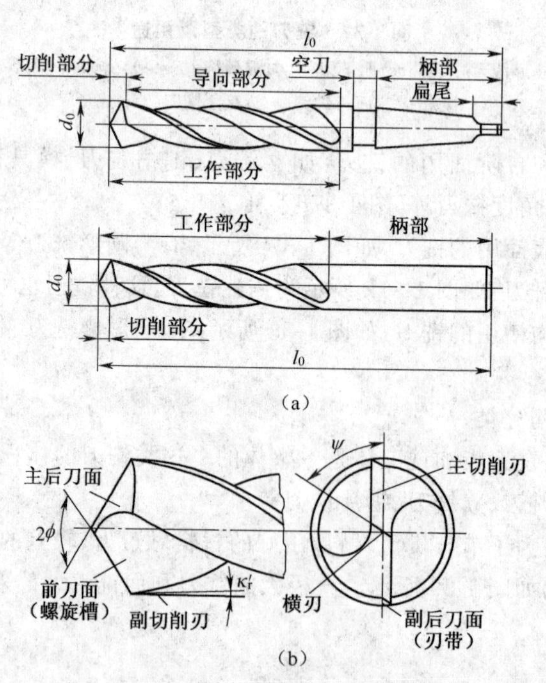

图 1-40 麻花钻的组成

麻花钻的工作部分由切削部分和导向部分构成。切削部分起切除金属的作用;导向部分在钻削时起导向和修光作用,同时也是切削部分的备磨部分。其中切削部分由两个前刀面、两个后刀面和两个副后刀面(刃带)组成。两前刀面和两后刀面交线为两主切削刃;两前刀面与两刃带交线为两副切削刃;两后刀面在钻心处相交形成横刃(图 1-40b)。所以标准麻花钻共有三条主切削刃和两条副切削刃。

为减小麻花钻与孔壁间的摩擦,导向部分上有两条窄的刃带(副后刀面),它的直径由钻尖向尾部逐渐减小,其减小量为每 100mm 长度上减小 0.03～0.12mm,大直径钻头取大值。

麻花钻的空刀是用于连接工作部分和柄部的,在磨削时作退刀槽用。钻头的标记打印于此处。

麻花钻的柄部是用来装夹钻头和传递转矩的。钻头直径 ϕ13mm 以上采用莫氏锥柄,ϕ13mm 以下采用圆柱直柄。

2)麻花钻的几何参数。为了讨论麻花钻的几何参数,首先必须确定钻头的基面与切削平面。麻花钻的基面是:过切削刃上某一点,并通过钻头轴线的平面(图 1-41a),切削刃上不同点的基面也不相同(图 1-41b)。麻花钻的切削平面是过切削刃上某点所作的切削表面的切平面,如图 1-41a 所示。

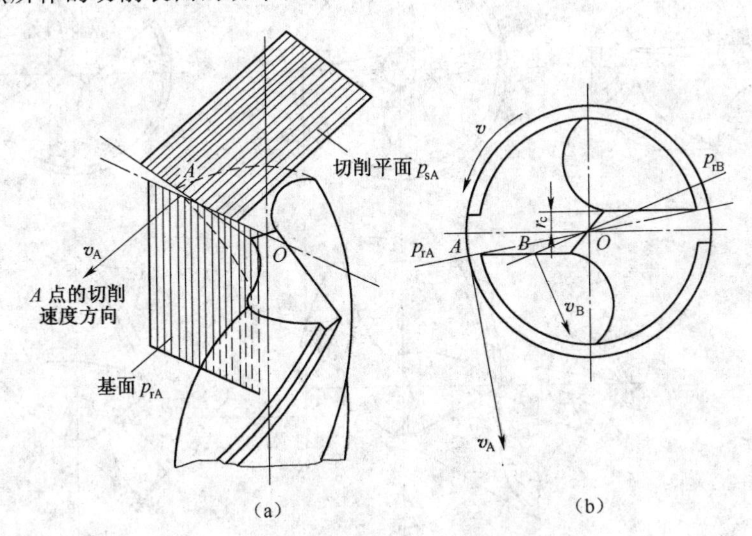

图 1-41　麻花钻基面与切削平面

(a)A 点的基面与切削平面　(b)A、B 点的基面

麻花钻的切削部分主要几何参数如下:

①螺旋角 β:螺旋角是钻头螺旋槽在最大直径处的螺旋线展开成直线与钻头轴线的夹角,如图 1-42 所示。标准麻花钻螺旋角在 18°～30°之间。

②顶角(锋角)2ϕ:钻头的顶角是两主切削刃在与它们平行的平面上投影的夹角(图 1-42)。标准麻花钻的顶角 $2\phi=118°$。钻头切削刃上各点的顶角相等。此时主切削刃为直线。

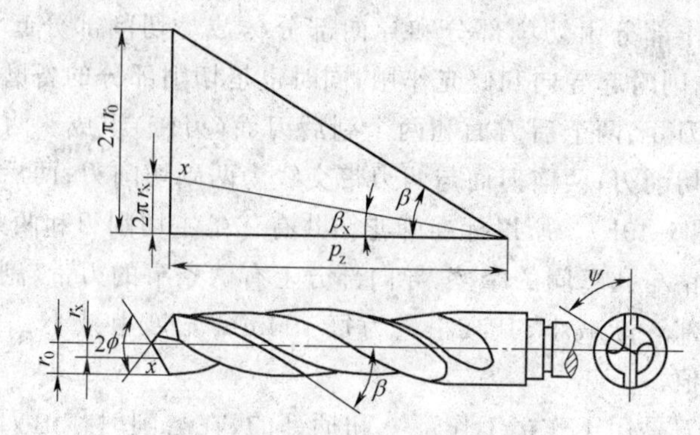

图 1-42　麻花钻的螺旋角和顶角

③主偏角 κ_r：麻花钻主切削刃上任一点 x 的主偏角 κ_{rx} 是主切削刃在该点基面上的投影和钻头进给方向的夹角。由于钻头主切削刃上各点的基面不同，因此各点的主偏角也不同(图 1-43b)，但数值上很接近。为了方便，可用顶角的一半值来代替主偏角值。$\kappa_r \approx \phi = 59°$。

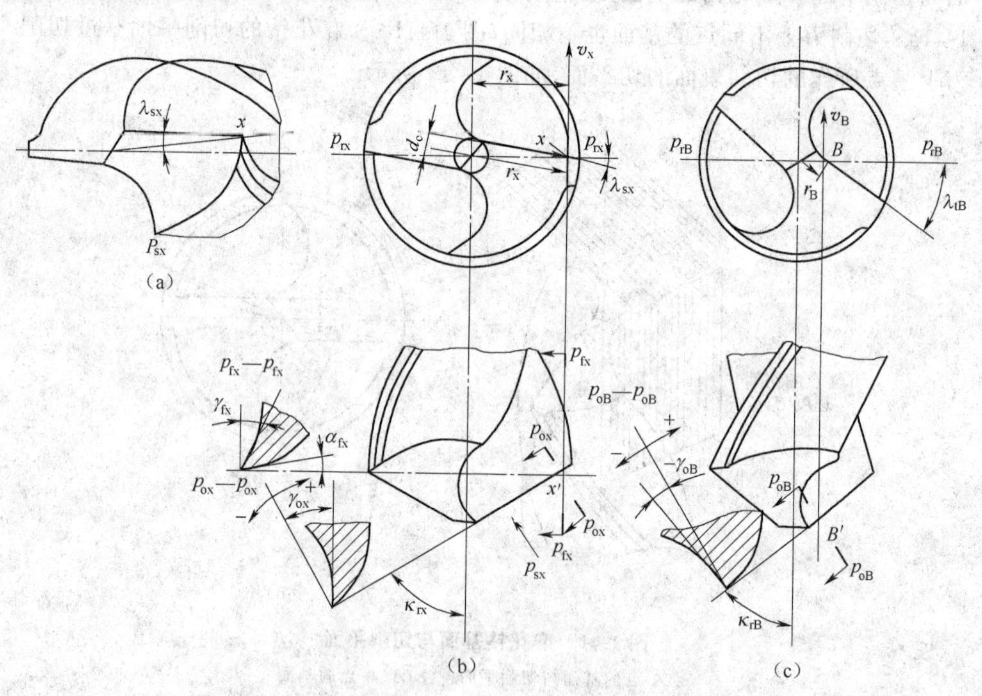

图 1-43　钻头上主偏角 κ_{rx}、刃倾角 λ_{sx}、前角 γ_{ox} 和后角 α_{fx}

(a) P_{sx} 向视图　(b)钻头外径处　(c)近钻头中心处

④前角 γ_o：麻花钻主切削刃上任一点的前角 γ_o 是在正交平面(图 1-43b 中 $p_{ox}-p_{ox}$ 剖面)内测量的前刀面与基面之间的夹角。标准麻花钻切削刃各点前角的变化很大，从外缘到钻心由大逐渐变小，在 $d_o/3$ 范围内为负值，接近横刃处的 $\gamma_o = -30°$。

⑤后角 α_f：钻头主切削刃上任一点 x 的后角是在该点的圆柱面切平面中测量和表示的，是在该切平面中切削平面与后刀面间的夹角。圆柱面是以钻头为轴线，以 x 点到轴线的距离为半径，绕轴线 360°而形成的，如图 1-44 所示。

该后角是钻削过程中的实际后角，测量也方便。在磨制钻头后角时，应使主切削刃上各点处不相同，越近钻头中心处后角越大。这是因为：为使切削刃上各点的楔角 β_o 基本保持相同；增大钻心处后角，使横刃处切削条件得到改善；弥补进给量的影响，使主切削刃上各点都有较合适的后角。

⑥横刃角度：横刃是两主后刀面的交线，其长度为 b_Ψ。横刃上的角度有横刃斜角 Ψ 和横刃前角 $\gamma_{o\Psi}$，如图 1-45 所示。一般 $\Psi=50°\sim55°$。

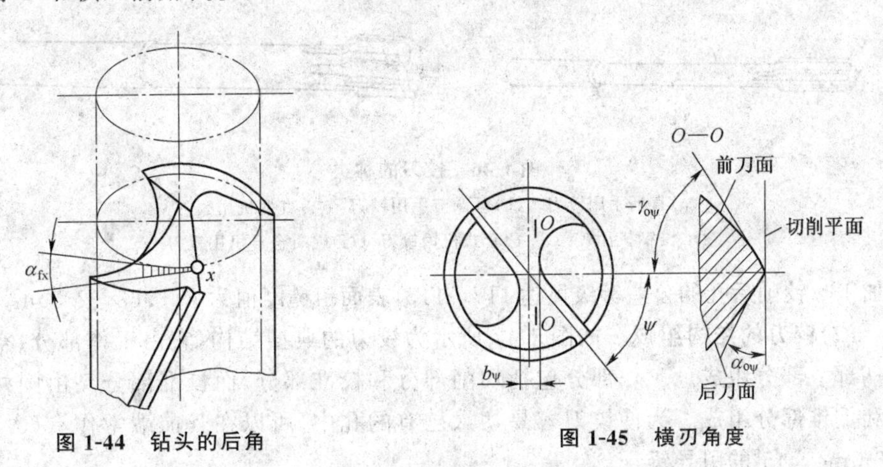

图 1-44　钻头的后角　　图 1-45　横刃角度

横刃处的切削条件很差。横刃处的负前角造成钻削时严重挤压而引起很大的轴向力，这是影响钻头工作时的效率、钻头寿命和钻削质量的一个重要因素。因此，横刃经特殊修磨可使切削轻快，这对大直径钻头显得更重要。

七、铰刀

铰削加工的特点是加工余量小，切削厚度薄（精铰时 $h_D=0.01\sim0.03$mm）。由于铰刀有切削刃钝圆半径，又具有修光刃，而且后面还有：$b_{a1}=0.05\sim0.3$mm 的刃带，所以挤压作用大，铰削过程实际上是切削与挤压两种作用的结果。

(1)铰刀的种类　铰刀的种类很多，通常分为手用和机用两大类，如图 1-46 所示。手用铰刀又分为整体式（图 1-46a）和可调节式（图 1-46b）；机用铰刀可分为带柄的（直径 1～20mm 为直柄，图 1-46c；直径 5.5～50mm 为锥柄，图 1-46d）和套式的（直径 25～100mm，图 1-46e）。

铰刀不仅用来加工圆柱形孔，也有用来加工锥形孔，如莫氏圆锥铰刀和 1∶50 锥度销铰刀。

此外，按刀具材料，还可分高速钢铰刀和硬质合金铰刀，后者如图 1-46f 所示。

铰刀是一种用于孔的精加工及半精加工的多刃刀具，也可用于磨孔和研孔前的

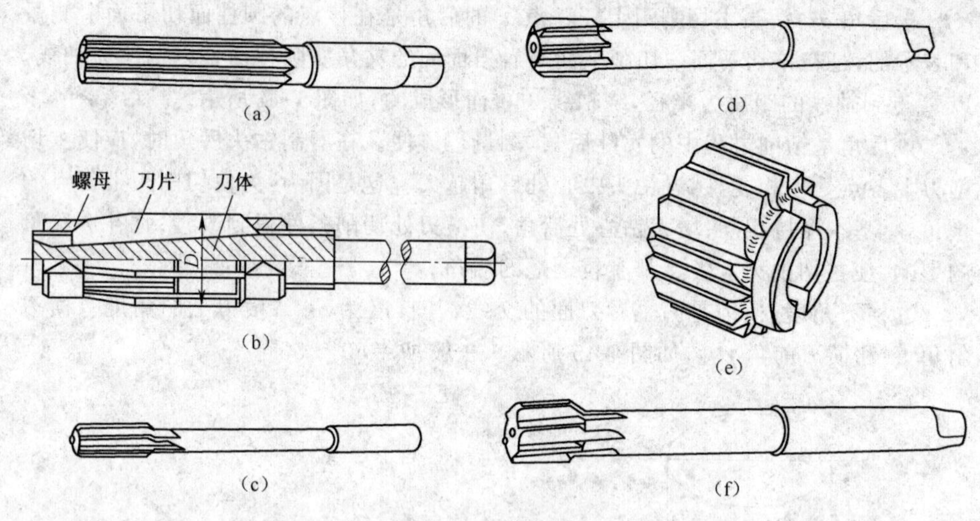

图 1-46　铰刀的种类

(a)直柄手用铰刀　(b)可调节手用铰刀　(c)直柄机用铰刀

(d)锥柄机用铰刀　(e)套式机用铰刀　(f)硬质合金机用铰刀

预加工。铰削后孔的公差等级可达 IT7～IT5，表面粗糙度值为 Ra0.63～2.5μm。

(2)铰刀的结构组成　如图 1-47 所示为铰刀的典型结构，它由工作部分、空刀和柄部三部分组成。工作部分包括切削部分和校准部分，而校准部分又由圆柱部分和倒锥部分组成。为使铰刀容易切入已有的孔中，所以在其前端常作有(0.5～2.0mm)×45°的引导锥。

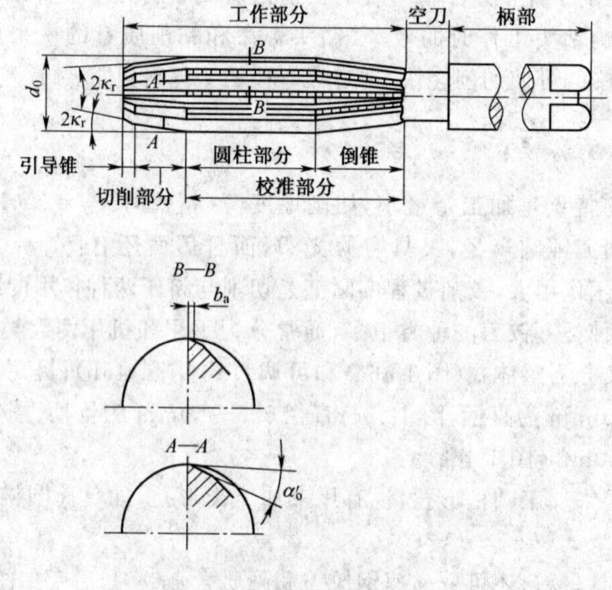

图 1-47　铰刀的结构

八、丝锥

(1)丝锥的种类 丝锥是加工圆柱形和圆锥形内螺纹的标准刀具之一,其结构简单,使用方便,故应用极为广泛。丝锥的基本轮廓是一个螺钉,在纵向开有沟槽以形成切削刃和容屑槽。

①手用丝锥。手用丝锥常用于单件或小批生产中。它的尾部为方头圆柄,如图 1-48 所示。手用丝锥一般由两把或三把为一组,依次进行切削,用于加工内螺纹。

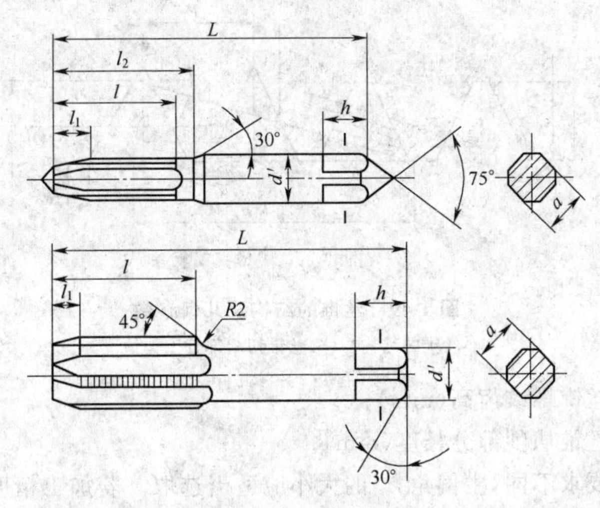

图 1-48 手用、机用丝锥

②机用丝锥。机用丝锥的外形与手用丝锥相同,但齿形需铲磨。因机床功率大,导向好,常用单锥攻螺纹,但当加工直径较大,材料硬度或韧性较大的工件时,也采用两把或三把一组攻螺纹。

此外,锥形螺纹丝锥用于加工锥形螺纹;挤压丝锥没有容屑槽,利用塑性变形原理加工高精度螺纹。

(2)丝锥的结构组成 尽管丝锥的种类很多,但各种丝锥都由工作部分和柄部两部分组成,如图 1-49a 所示为丝锥外形结构图。

丝锥的工作部分是由切削部分 l_1 和校准部分 l_2 组成。切削部分担任主要切削工作;校准部分用以校准螺纹廓形和在丝锥前进时起导向作用。

丝锥的柄部用以传递转矩,其形状和尺寸视丝锥的用途而不同。

丝锥结构要素:

①切削部分一般做成圆锥形,所磨出的主偏角 κ_r 使切削负荷分配在几个刀齿上。切削部分的长度 l_1 及主偏角 κ_r 直接影响切削过程。见图 1-49b,切削部分长度 l_1 与 κ_r 的关系为

$$\tan\kappa_r = H/l_1$$

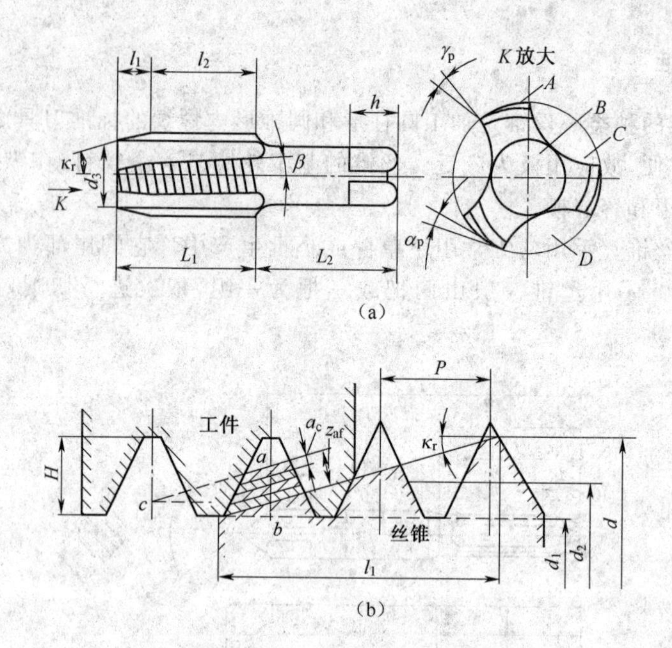

图 1-49　丝锥的结构及几何参数

(a)丝锥的结构　(b)丝锥切削部分工作情况

式中　H——丝锥螺纹齿高(mm)；

　　　l_1——丝锥切削部分长度(mm)。

根据加工要求不同,主偏角 κ_r 的大小应适当选取。若加工精度较高和表面粗糙度值要求较小时,κ_r 应取小一些,加工不通孔螺纹时,为了获得较长的螺纹长度,κ_r 应取大一些。κ_r 选取如下：

手用丝锥：一锥　$\kappa_r=4°30'$

　　　　　二锥　$\kappa_r=13°$

机用丝锥：一锥　$\kappa_r=4°\sim4°30'$

　　　　　二锥　$\kappa_r=14°\sim16°$

螺母丝锥：$\kappa_r=1°30'\sim3°$

②丝锥的校准部分具有完整的齿形,用以校准和修光螺纹牙型,并起导向作用,同时还是切削锥重磨后的备磨部分。为了减小摩擦,它的大径和中径向柄部做成倒锥。

③槽数与丝锥类型、直径、被加工材料及加工要求有关。生产中常用 3～4 槽丝锥。公称直径在 52mm 以上时则用六槽和八槽。

槽形应保证有合理的前角,排屑容易,有足够的容屑空间,还应使丝锥退回时刃背处不会刮伤已加工表面。一般有三种形式：一圆弧构成,见图 1-50a；两直线和一圆弧构成,见图 1-50b；两圆弧和一直线构成,见图 1-50c。第三种槽形有较大的容屑空间,且倒旋退出时比较顺利,不致发生刮削作用和切屑挤塞现象,是一种较理想的槽形。

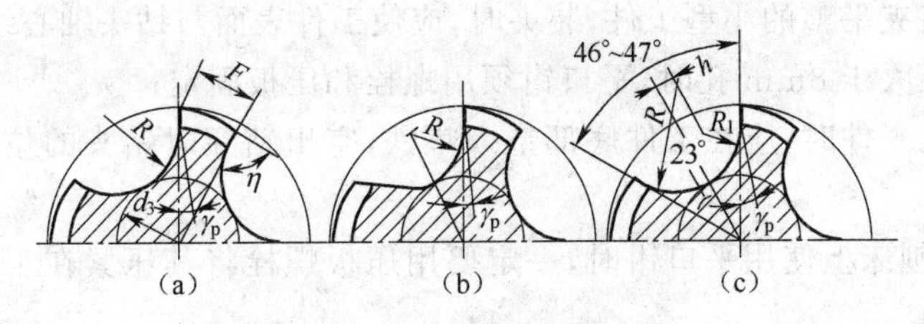

图 1-50　丝锥的槽形

④丝锥的前角 γ_p 和后角 α_p 均在端剖面中标注和测量，见图 1-49a。切削部分和校准部分的前角 γ_p 是同一次磨出的，其数值相同。按工件材料的性质，加工钢和铸铁时常取前角 $\gamma_p = 5° \sim 10°$，加工铝时取 $\gamma_p = 20° \sim 25°$。

后角按丝锥类型、用途和工件材料的性质选取，其数值推荐如下：手用丝锥 $\alpha_p = 4° \sim 6°$；机用丝锥 $\alpha_p = 4°$；螺母丝锥 $\alpha_p = 6°$。

⑤普通丝锥做成直槽，即 $\beta = 0°$，为了控制排屑方向，改善切削条件，避免切屑挤塞，保证加工质量，目前趋向于做成螺旋槽。加工通孔右旋螺纹用左旋槽，切屑从孔底排出，加工不通孔右旋螺纹用右旋槽，切屑从孔口排出。

第五节　常用夹具

夹具是用来使工件在机床上正确定位和夹紧，以保证工件加工顺利进行的装置。

一、夹具的分类

①按夹具的使用特点不同，可将夹具分为通用夹具和专用夹具两类。通用夹具是一种通用标准化夹具，由专门的厂商生产供市场选购，如三爪自定心卡盘、平口钳、万能分度头、磁力工作台等。同一规格的夹具可以在不同的机床上使用，是通用夹具最大的优点。

②按照使用的机床不同，夹具可分为车床夹具、铣床夹具、钻床夹具、镗床夹具和磨床夹具等。

③按照夹紧动力源的不同，可分为手动夹具、气动夹具、液压夹具、电动夹具和电磁夹具等。

二、常用夹具的正确使用

(1)平口钳的使用　平口钳是通用夹具之一，可以安装在钻床、铣床或刨床工作台上，夹持工件进行切削加工。平口钳的钳口经过精加工，具有平整光滑的表面，只允许用来夹持已加工的工件，而且最大的夹持力只允许用其专用的扳手所能达到的水平，不能用锤子猛敲。

在钻床上使用平口钳时要注意：

①用来装夹平整的小型工件，装夹时，应使工件表面与钻头轴心线垂直；

②钻直径大于 8mm 孔时，平口钳须用螺栓和压板固定；

③钻通孔工件时，应在工件底部垫入垫铁，空出钻穿时钻头的位置，以免钻坏平口钳。

在铣床、刨床上使用平口钳时，一定要用压板螺栓将其压紧在工作台上，以免发生事故。

(2)自定心三爪卡盘的使用 三爪卡盘如图 1-51 所示，它的夹紧力较小，一般适用于夹持表面光滑的圆柱面、六角形截面的棒料。三爪卡盘在车床的主轴上和分度头上安装使用是最普遍的。

三爪卡盘夹持工件有正爪夹持和反爪夹持两种方式。在用钥匙夹紧工件时，不能使用加力套管或锤击，否则，轻者会使工件严重变形，重者将换坏卡盘内部的结构。

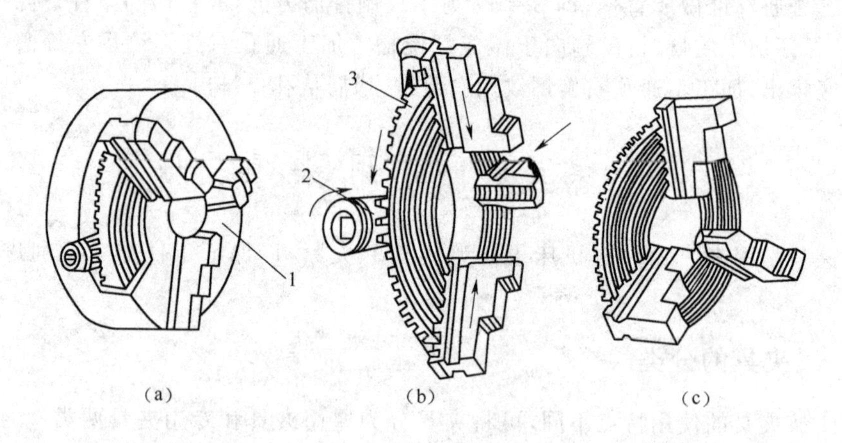

图 1-51 三爪卡盘正、反爪夹持方式

(a)三爪卡盘外形 (b)正爪 (c)反爪

(3)万能分度头的使用 万能分度头是用来对圆形工件表面进行等分划线或等分面切削的通用卡具，在钳工或铣床上加工时应用较多。

万能分度头的主要分度原理是利用 40 定的分度机构(蜗轮蜗杆传动比为 40)，配合分度盘上不同数目的圆周等分插孔进行圆周等分的分度头结构如图 1-52 所示。万能分度头用于等分加工时，需要利用锁紧装置将工位锁紧并夹持牢固后进行加工，如图 1-53 所示。

(4)磁力工件台的使用 磁力工件台是利用电磁场对铁磁物质的吸力，将工件的定位平面吸附在平面磨床的工作台上，用砂轮磨削工件待加工表面的通用夹具。磨小工件时的夹持方式，应在小型工件周围用吸附面积较大的铁条围住，防止小工件被砂轮弹出去。

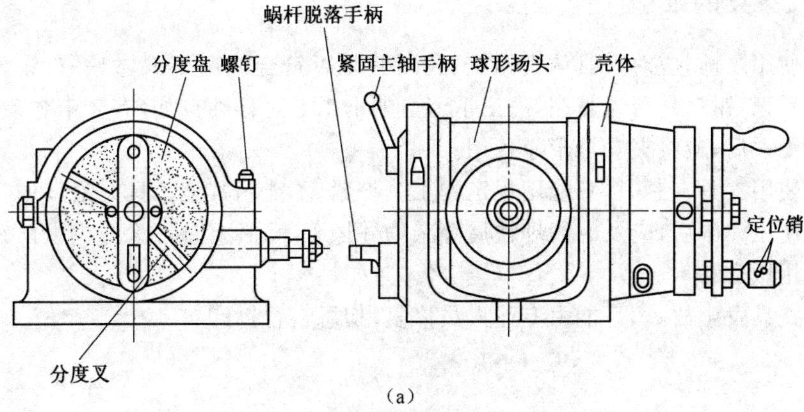

(a)

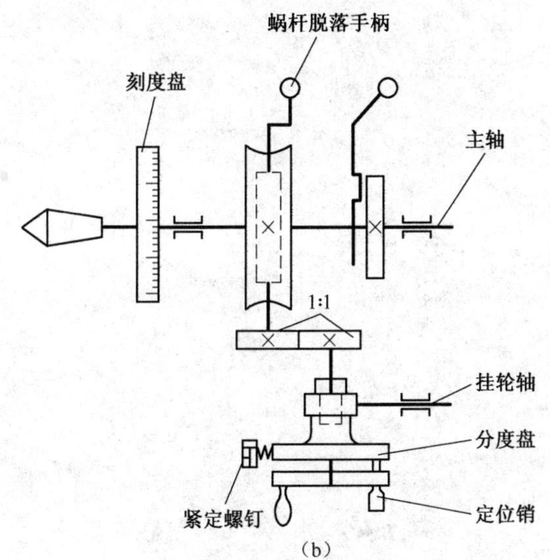

(b)

图 1-52　万能分度头

(a)外形　(b)传动原理

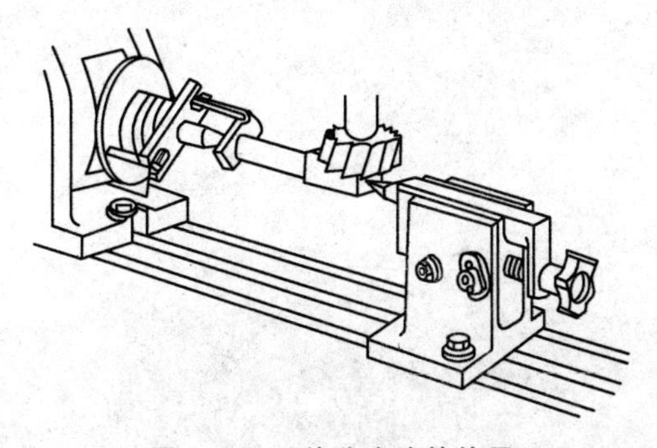

图 1-53　万能分度头的使用

三、夹具的维护

①使用之前，应对夹具认真检查，判断其是否符合使用要求，如平口钳丝杠运转是否平稳，钳口是否光整完好；三爪卡盘的卡爪是否移动自如，有无卡顿现象等。在确定无误后，应将夹具擦干净备用。

②使用夹具夹紧时，只能用规定的工具拧紧，不能用其他工具夹紧。

③使用完毕后，应及时清理铁屑等杂物并擦干净，必要时可涂抹少量防锈油为下次使用做准备。

④夹具发生故障，只能由专业人员修复，切忌自行拆卸。

第二章　车削加工

车削基本知识包括车床的结构特点、车削加工的适应范围、车刀基础知识、切削用量、常用车床夹具以及典型车削加工方法。

车工是车削的主要操作者。

第一节　车　　床

车床是车削加工的关键设备。车床的种类很多，其中普通卧式车床应用最广泛。卧式车床多用于加工轴类零件和圆盘类零件。车削加工量占整个机加工总量的比重最大，是机加工入门的基础。

一、车床的型号及技术参数

车床的型号及主要技术参数是通过代号来表示的，现以 CA6140 车床为例说明如下：

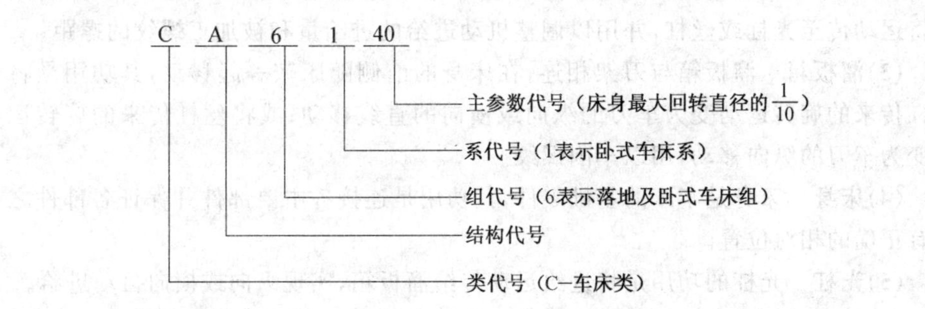

CA6140 车床外形如图 2-1 所示。

车床的技术参数包括主参数、最大加工距离、主轴转速、进给量等。主参数是指床身上最大回转直径（即工件最大回转直径），CA6140 的主参数为 40×10＝400mm。最大加工距离有 750mm、1000mm、1500mm 和 2000mm 四种规格，主轴转速有 24 级正转（10r/min～1400r/min）及 12 级反转（14r/min～1580r/min）。纵向进给量为 0.028～3.42mm/r，横向进给量为 0.012～1.71mm/r，可车削米制螺纹、英制螺纹和模数螺纹。

二、车床的各组成部分及其作用

CA6140 车床主要由以下几个部分组成。

(1)主轴箱　主轴箱固定在床身左上部，内装主轴及变速传动机构，其功用是

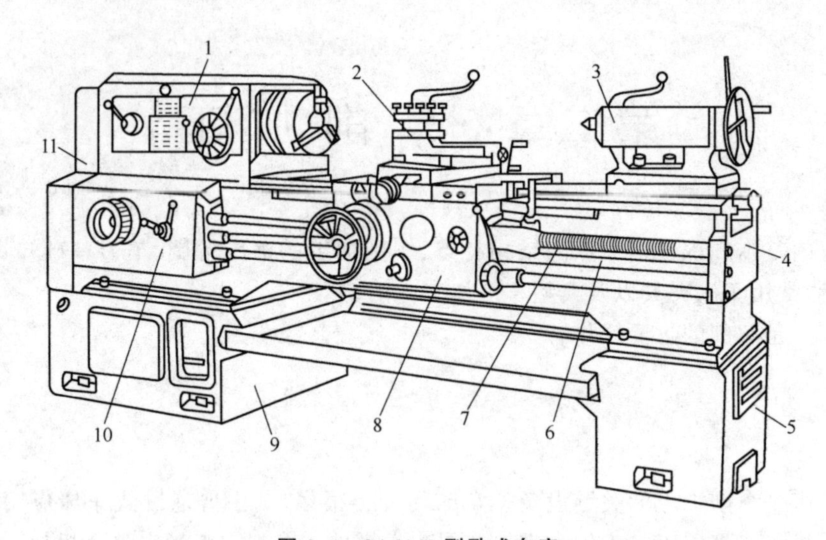

图 2-1 CA6140 型卧式车床

1. 主轴箱 2. 刀架 3. 尾座 4. 床身 5,9. 床腿
6. 光杠 7. 丝杠 8. 溜板箱 10. 进给箱 11. 挂轮箱

支承主轴部件,并把动力和运动传递给主轴,使主轴通过卡盘等夹具带动工件旋转,实现主运动。

(2)进给箱 进给箱固定在床身左端前壁,内装进给运动的变速机构,其功用是将运动传至光杠或丝杠,并用以调整机动进给的进给量和被加工螺纹的螺距。

(3)溜板箱 溜板箱与刀架相连,在床身的前侧随床鞍一起移动,其功用是将光杠传来的旋转运动变为车刀的纵向或横向的直线移动;或将丝杠传来的旋转运动变为车刀的纵向移动,用以车削螺纹。

(4)床身 床身是车床的基础零件,其功用是连接各主要部件并保证各部件之间有正确的相对位置。

(5)光杠 光杠的功用是将进给运动传给溜板箱,实现纵向或横向自动进给。

(6)丝杠 丝杠的功用是将进给运动传给溜板箱,完成螺纹车削。

(7)尾座 尾座安装在床身导轨右上端,可沿导轨移至所需要的位置。其功用是在尾座套筒内安装顶尖,可支承工件;安装钻头、扩孔钻或铰刀,可进行钻孔、扩孔或铰孔。

(8)刀架 刀架的功用是夹持车刀,可作纵向、横向或斜向进给运动。刀架由床鞍、中滑板、小滑板、转盘及方刀架组成,如图 2-2 所示。

①床鞍:与溜板箱连接,可带动车刀沿床身导轨作纵向移动。

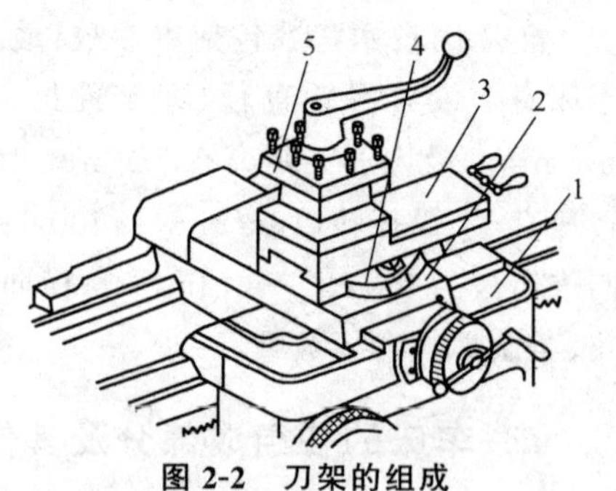

图 2-2 刀架的组成

1. 床鞍 2. 中滑板 3. 小滑板
4. 转盘 5. 方刀架

②中滑板：可带动车刀沿床鞍上的导轨作横向移动。

③小滑板：可沿转盘上的导轨作短距离移动。当转盘扳转一定角度后，小滑板还可带动车刀作相应的斜向运动。

④转盘：与中滑板连接，用螺栓紧固。松开螺母，转盘可在水平面内转动任意角度。

⑤方刀架：用来安装车刀，最多可同时装四把刀具。

普通卧式车床主要用于加工小批量的中、小型工件。大型或重型工件的车削，如水力发电设备，则要在立式车床上加工。

第二节　车削加工适应性

车削加工是在车床上利用工件的旋转运动和刀具的进给运动，加工出各种回转表面、回转体端面以及螺旋面。在机械零件加工中，回转表面，（如内、外圆柱表面，内外圆锥面，内、外螺旋面和回转成形面等）的加工占有很大的比例，所以车削加工应用非常广泛。

一、车削加工的适用范围

卧式车床能进行多种表面的加工，如车外圆、车端面、钻中心孔、钻孔、车（镗）孔、铰孔切断、车圆锥面、车螺纹、车成形面……等。图 2-3 所示为部分车削加工的示例。图中，v_c 表示切削速度方向，f 表示进给（走刀）方向。

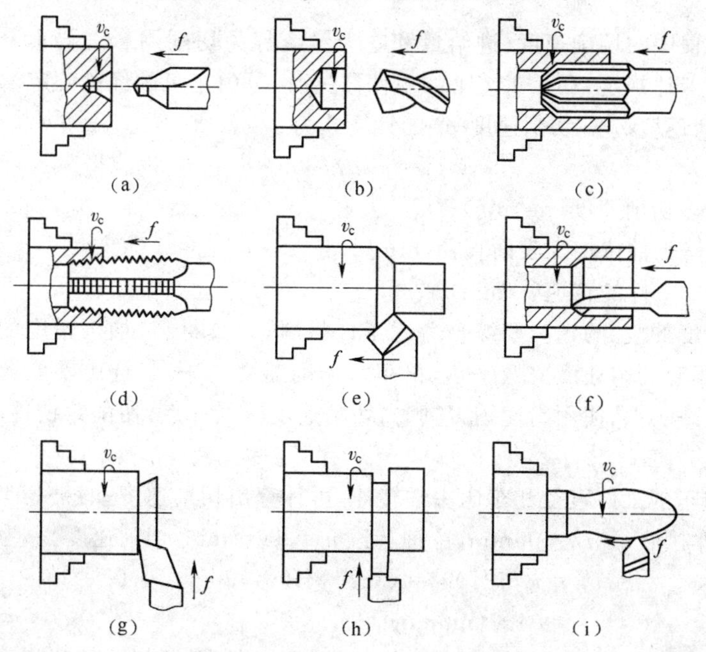

图 2-3　车床加工的工作范围

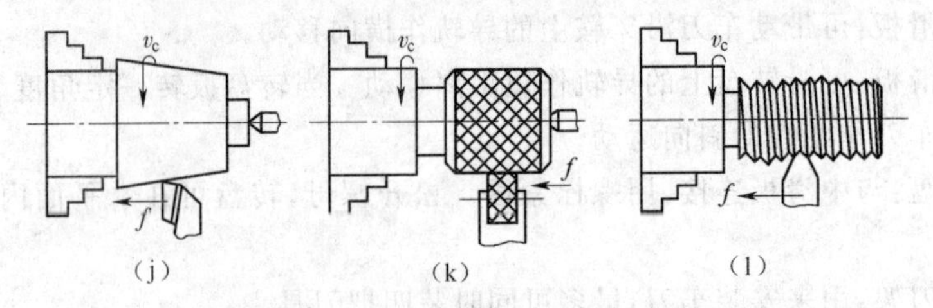

图 2-3　车床加工的工作范围(续)

(a)钻中心孔　(b)钻孔　(c)铰孔　(d)攻螺纹　(e)车外圆　(f)镗孔
(g)车端面　(h)车槽　(i)车成形面　(j)车锥面　(k)滚花　(l)车螺纹

二、车削加工精度

车削加工精度在 IT6～IT11 之间。粗车或荒车时,精度在 IT9～IT11 之间;半精车时,精度在 IT7～IT8 之间;精车时可达 IT6。一般情况下,加工精度达到 IT8～IT10 的概率最大。

车削表面粗糙度在 $Ra0.8 \sim 12.5\mu m$ 之间。粗车时表面粗糙度数值高,表面粗糙;精车或半精车时表面粗糙度数值低、表面光洁平滑。

车削精度与工件材料性能、车刀材料和结构、切削用量的选择有密切关系。加工时,按工艺文件规定选用切削刀具、切削用量,一般都能加工出符合精度要求的表面。

三、车削加工切削用量

车削过程中的切削速度、进给量和吃刀量统称为切削用量三要素。切削用量一般由工艺卡片规定,在无工艺卡的单件修配时,可由车工的经验确定。

(1)切削速度v_c　切削速度 v_c 的计算式为

$$v_c = \pi dn/1000$$

式中　v_c——切削速度(m/min);

d——工件待加工表面直径(mm);

n——工件的转速(r/min)。

切削速度的 v_c 的选择要综合考虑工件材料、刀具材料、加工精度的影响。一般说来,粗车时切削速度要低一点,精车时切削速度高一点;选用硬质合金刀具时切削速度可高一点,使用高速钢刀具时,切削速度应低一点;切削铸铁件时,切削速度应低一点。

①已知车削工件直径和车床主轴转速,可计算出切削速度 v_c。

例如:车削直径 $d = 100$mm,主轴转速 $n = 300$r/min,切削速度 v_c 为

$$v_c = \pi dn/1000 = (3.14 \times 100 \times 300)/1000 = 94.2 (\text{m/min})$$

实际使用时,应根据工件和刀具材料的匹配情况,对照相关的切削手册核对该

切削速度是否合用，否则应当更改。更改的措施一般是改变主轴转速 n，降低转速，切削速度下降；反之亦然。

②已知切削速度 v_c 和工件直径 d，确定车床主轴转速 n。

$$n=1000v_c/\pi d$$

例如：车削直径 $d=260\text{mm}$ 工件时，选用 $v_c=90\text{m/min}$，车床主轴转速 n 等于

$$n=1000\times90/(3.14\times260)=110(\text{r/min})$$

表明加工时，应调节手柄选择主轴转速 $n=110\text{r/min}$ 的档位。

在无资料可查，工件直径大时，主轴选低转速；工件直径小时主轴可选高转速。

(2)进给量 f　工件每转一周，刀具与工件之间沿进给方向相对移动的距离，即走刀量。进给量 f 的选择与加工精度有关。一般情况下，粗加工时，进给量可大一些；精加工时，进给量应小一些。进给量在工艺文件中已经选定，调节车床的进给手柄即可实现相应的进给量。操作时，还可以根据实际情况适当调整进给量，以改善加工质量。

(3)吃刀量 a_p　加工时，刀具切入工件的吃刀深度称为吃刀量 a_p，应根据工件材料、加工精度等要求选定。一般情况下，粗加工时，a_p 大一些，精加工时，a_p 小些；强力高速切削时，a_p 大些，低速加工时，a_p 小些。

通常情况下，粗车时，车床主轴转速 n 低一些、吃刀量 a_p 大一些、进给量 f 可大一些；精车时则相反。

第三节　车　　刀

车刀材料、车刀的结构、车刀的几何参数成为选用车刀的主要要素。

一、车刀材料

车刀材料主要指刀头部分的材料。常用的车刀材料有高速钢和硬质合金两种，分别适用于不同类型的车刀。

中心钻、麻花钻、铰刀以及形状复杂的成型刀具(丝锥、板牙)等采用高速钢制成，主要用于低速车削加工场合，如图 2-3a、b、c、d、k 所示。

外圆车刀、内孔镗刀、端面车刀、切断刀、螺纹车刀的刀头多采用硬质合金，如图 2-3e、f、g、h、i、j、l 所示，用于高速切削场合。上述刀具也可以采用高速钢制成一体式的车刀，适用于低速车削场合。

二、车刀的结构

车刀有整体式和装夹式两种结构形式。

(1)整体式车刀　用高速钢制成的一体式车刀经过刃磨后用于低速切削加工；用焊接方式将硬质合金刀头与刀体焊成一体车刀经过刃磨后用于高速切削加工。

整体式车刀刚度好，加工时抗冲击性较好，但刀具磨损后重新刃磨较烦琐且效率低，仅适用于小批量、手动操作加工场合。

(2)装夹式车刀 将硬质合金刀头经刃磨后，利用机械夹紧装置安装在刀体上使用的车刀称为装夹式车刀(俗称机夹刀)。此类刀具的刀头具有多个(3个或4个)切削刃，某刀刃磨损后，通过转位可以依次使用不同的切削刃，使用效率大为提高，装夹车刀适用于自动化、半自动化的加工场合。

三、常用车刀

焊接式硬质合金车刀使用较普遍，常用的有外圆车刀、内孔车刀和切断刀。它们的外形结构和几何角度各不相同。

(1)90°偏刀 90°偏刀如图2-4所示，主要用于车削外圆及台阶轴的轴肩及端面。

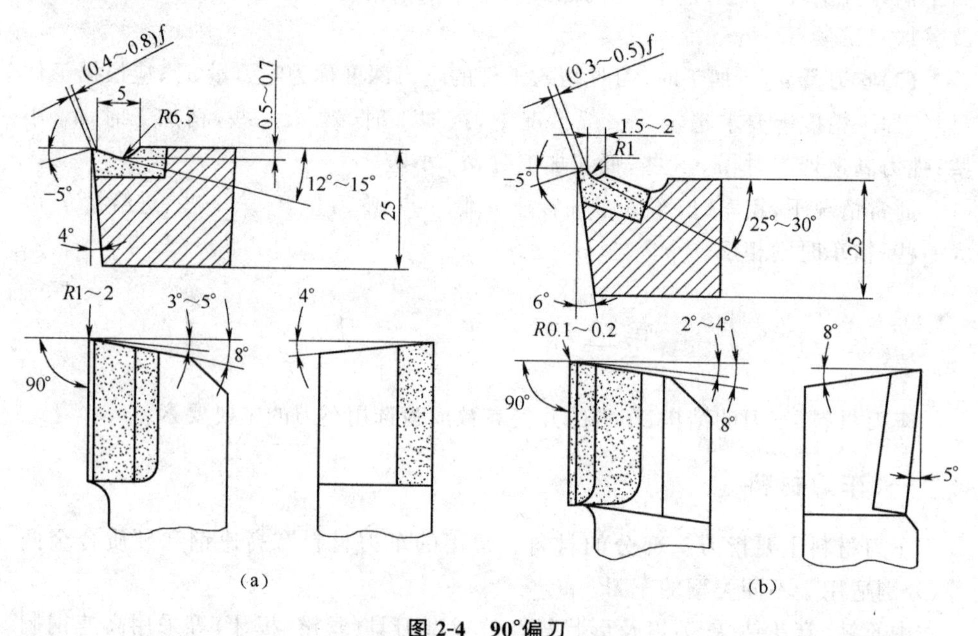

图2-4 90°偏刀

(a)90°外圆粗车刀 (b)90°外圆精车刀

粗车刀与精车刀的差异主要是前者刃倾角λ为零，利于大吃刀量强力切削；后者刃倾角$\lambda=5°$，利于精加工提高加工质量；粗车刀的后角小，精车刀后角较大。

负刃倾角粗车刀常用于大功率强力切削加工场合。

(2)45°弯头外圆车刀 45°弯头外圆车刀如图2-5所示，用于加工外圆、端面及倒角，是通用性较强的车刀。

(3)内孔车刀 在车床上加工内孔的车刀又称为镗刀，如图2-6所示，可用于加工通孔、盲孔或车内槽。

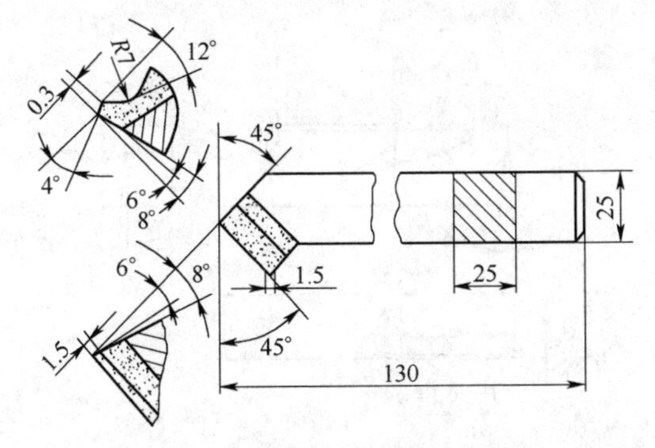

图 2-5　45°弯头外圆车刀

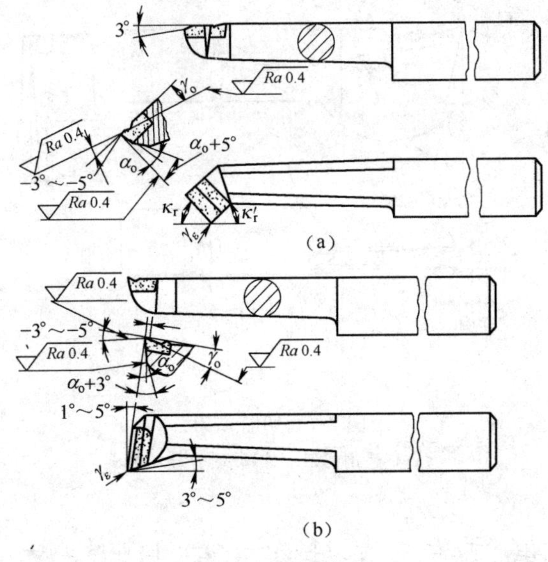

图 2-6　内孔车刀

(a)通孔车刀　(b)盲孔车刀

(4)切断刀　切断刀如图 2-7 所示，用来切断工件或加工环形槽。

四、车刀的安装与对刀

车刀安装在刀架上。刀架上一般有 4 个供安装车刀的工位，利用上端 3 个螺栓可将刀体压紧固定于刀架上。刀具使用前要对刀，即刀尖应处于与车床主轴同一水平面上。对刀方法有多种，除了用顶尖对刀外，常用方法是将已加工好的圆柱件夹持在三爪卡盘上，使其转动片刻，找出其中心位置，然后，将车刀刀尖移至该中心比较高低。调节垫片厚度或调节锁紧螺栓的松紧程度使刀尖与圆柱中心重合，对刀完毕。只有经过对刀的车刀才能正确地完成工艺文件规定的加工任务。

对刀不正确的刀具参与切削时，实际的前角、后角都发生改变，使切削质量达不到要求。

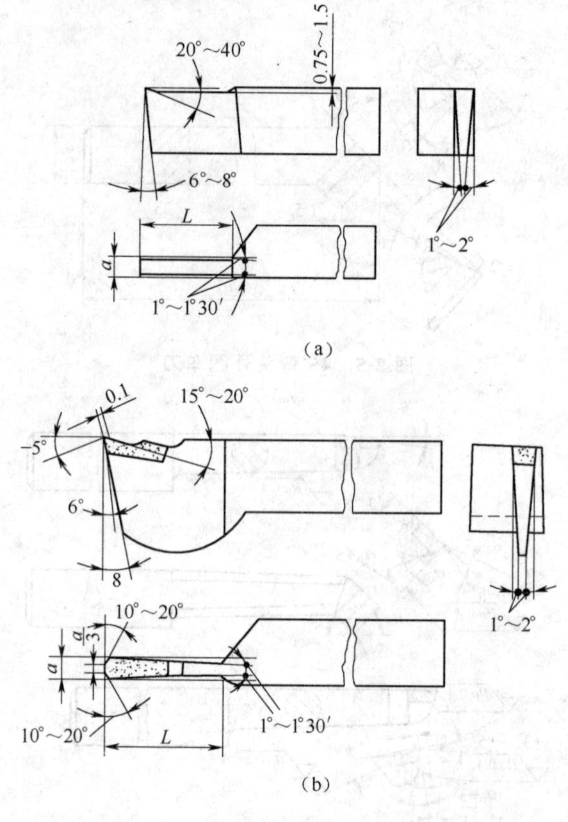

图 2-7 切断车刀

(a)高速钢切刀 (b)硬质合金切刀

第四节 工件在车床上的装夹

车床加工的零件主要是盘形零件和轴类零件。两类零件装夹在车床上随主轴旋转形成切削主运动。盘形零件和轴类零件结构特点不同,它们的装夹方式也不相同。前者主要采用三爪或四爪卡盘装夹;后者多采用顶尖方式装夹。

一、盘形零件的装夹

(1)利用自定心三爪卡盘装夹圆柱(盘)形工件 利用三爪卡盘夹持工件的形式如图 2-8 所示。可以用正爪夹持表面光滑的圆柱体、六角形截面的柱体工件,也可以用反爪外撑夹持圆盘工件。

(2)利用四爪单动卡盘夹持工件 利用四爪单动卡盘可夹持外表面时,要用百分表找正。这种夹具具有很大的夹持力,特别适用于夹持不规则外表面工件。四爪卡盘及用百分表找正法如图 2-9 所示。

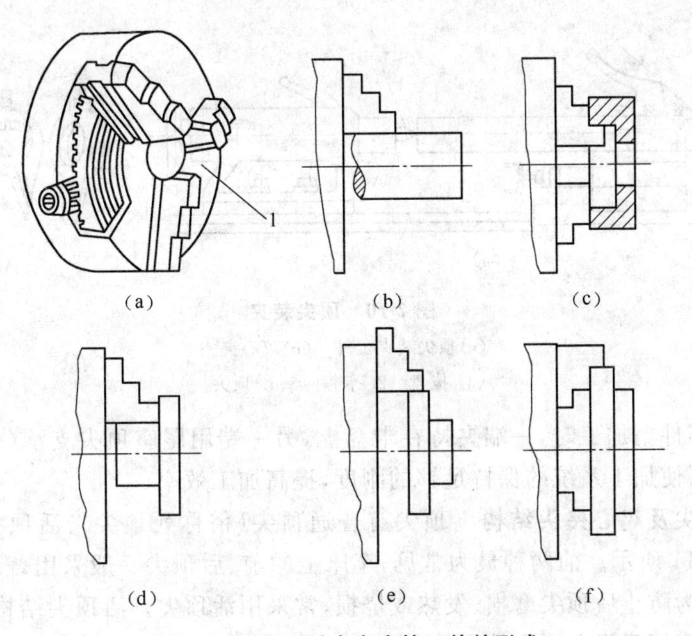

图 2-8　利用三爪卡盘夹持工件的形式

(a)三爪卡盘　(b)夹持圆棒料　(c)利用卡爪反撑内孔　(d)夹持小外圆
(e)夹持大外圆　(f)用反爪夹持工件

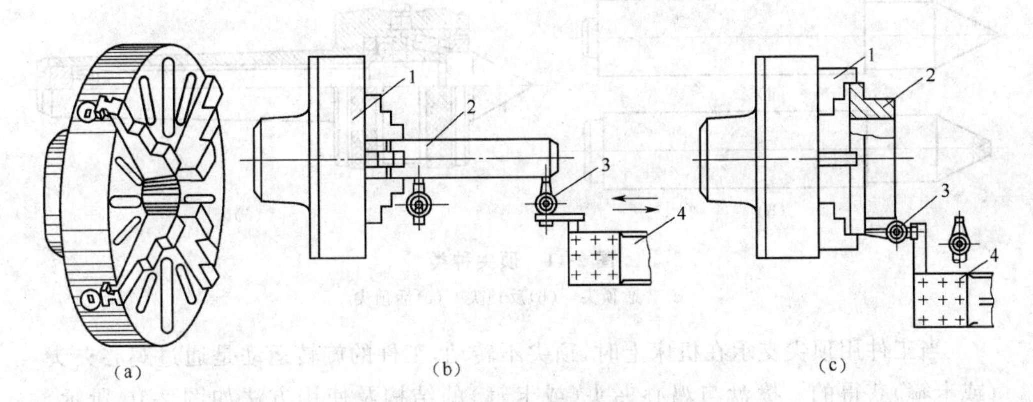

图 2-9　四爪卡盘及用百分表找正法

(a)四爪单动卡盘　(b)轴类工件找正　(c)盘类零件找正
1. 四爪单动卡盘　2. 工件　3. 百分表　4. 刀架

二、轴类零件的装夹

(1)顶尖装夹　轴类零件的轴向尺寸较长，只用三爪卡盘夹持一端进行加工，势必发生严重的弹性变形，甚至无法加工，通常都要辅助于尾座顶尖支承才能保证不出现严重的弯曲变形。对于精密轴的加工，一般在主轴一端也采用顶尖支承，用鸡心夹头拨动方式装夹，如图 2-10 所示。

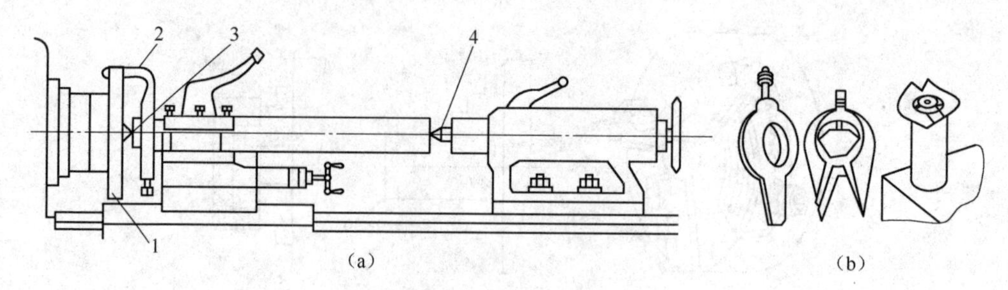

图 2-10 顶尖装夹

(a)顶尖装夹工件 (b)鸡心夹头

1. 拨盘 2. 卡箍 3、4. 顶尖

轴类零件精加工时，一端夹持在卡盘上，另一端用尾座顶尖支承(一般为活顶尖支承)，可使加工系统的保持足够的刚度，提高加工效率。

(2)顶尖及鸡心夹头结构 顶尖有普通顶尖(俗称死顶尖)、活顶尖及反顶尖等，如图 2-11 所示。前两种最为常见，车床上的前、后顶尖一般采用普通顶尖。高速切削时，为防止后顶尖磨损、发热或烧损，常采用活顶尖。活顶尖结构复杂，旋转精度较低，多用于粗车和半精车。直径小于 6mm 的轴颈不便加工中心孔，则将轴端加工成 60°的锥面后安装在反顶尖上。

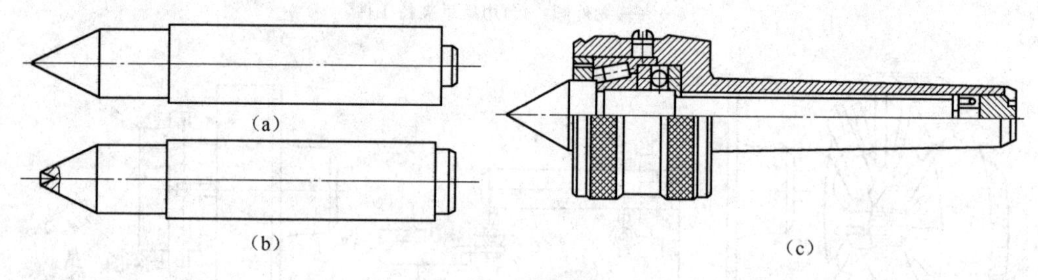

图 2-11 顶尖种类

(a)普通顶尖 (b)反顶尖 (c)活顶尖

当工件用顶尖支承在机床上时，顶尖不转动，工件的旋转运动是通过鸡心夹头(或卡箍)获得的。拨盘与鸡心夹头(或卡箍)的结构及使用方法如图 2-10 所示。鸡心夹头夹持部分(或卡箍)装夹工件，另有一端与同主轴相连接的拨盘配合，主轴通过拨盘带动紧固在轴端的卡箍使工件转动。

用两顶尖装夹工件，必须先在工件端面钻出中心孔。

(3)中心孔的作用及结构 中心孔的形状有三种：A 型、B 型和 C 型，如图 2-12 所示。

A 型是普通中心孔，由圆锥孔和圆柱孔两部分组成。60°锥孔部分与顶尖锥面贴合起定心作用，并承受工件的重量和切削力；圆柱孔可储存润滑油，并可防止顶尖尖端触及工件，以保证顶尖与圆锥孔的配合。精度要求一般的工件采用 A 型中心孔。

B 型是带护锥的中心孔，尾部 120°锥面可以保护 60°的锥面，使其不致被碰伤

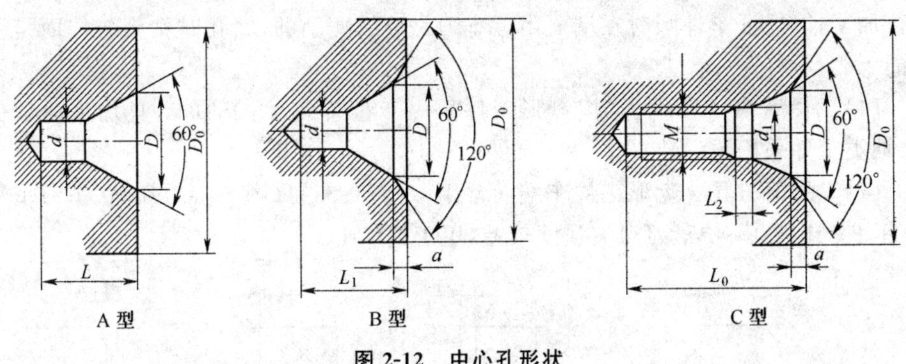

图 2-12 中心孔形状

而影响定心精度，并使工件端面容易加工。精度要求较高并需多次使用中心孔的工件，一般都采用B型中心孔。

C型是带螺纹的中心孔，需要把其他零件轴向固定在轴上时采用C型中心孔。

中、小型工件的中心孔，一般在车床或专用机床上用中心钻钻出。

(4)顶尖装夹的特点与应用 两顶尖装夹工件，不需找正，装夹精度高。

安装顶尖时必须先擦净顶尖锥面和锥孔，然后用力推紧，否则装不正也装不牢。

顶尖装好后，要检查前、后两顶尖的轴线是否重合。校正时，将尾座移向主轴箱，使前、后两顶尖接近，目测是否对准，如图 2-13a 所示。如不重合，需将尾座体作横向调节，如图 2-13b 所示，使之符合要求，否则车削的外圆将成为锥面。

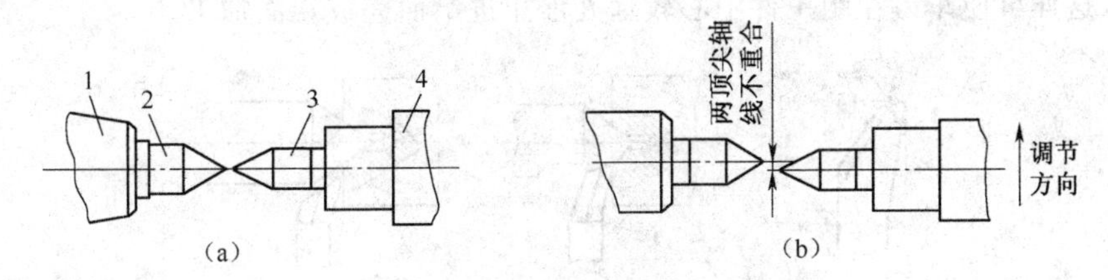

图 2-13 校正前后顶尖同轴

1. 主轴 2. 前顶尖 3. 后顶尖 4. 尾座

三、其他装夹形式

除了三爪、四爪卡盘和顶头式装夹外，对于不规则形状的工件，还可以用花盘弯板结构进行装夹。在加工细长轴类零件时，还使用中心支架或跟刀架方式，保证轴在加工过程中减少弯曲变形，提高加工精度。

第五节 常见车削加工方法

一、车端面

车削工件时，往往采用工件的端面作为测量轴向尺寸的基准，所以对其必须先进行加工，以保证车外圆时在端面附近车刀是连续切削的，钻孔时钻头与端面是垂直的。

(1)工件装夹 车端面时，盘形工件采用卡盘装夹，便于加工，且加工质量良好；轴类工件采用顶尖装夹。

(2)车端面刀具 盘形工件车端面常用45°弯头车刀(图2-14a)和90°车刀车端面(图2-14b、c)。90°车刀刀尖强度较差，用于精加工。

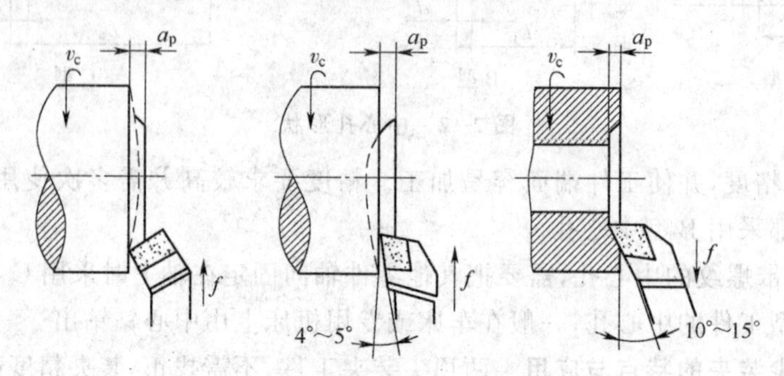

图 2-14 卡盘装夹车端面

轴类工件一端用顶尖装夹时，使用如图2-15a所示的端面车刀。其切削部分由刃1和刃2组成，刃1与端面方向的夹角为5°，刃2与工件轴线方向的夹角为15°～20°。为了防止车刀与顶尖相碰，常将工件中心孔做成双锥面的形状(图2-15c)，这样可使车刀在距工件中心较远处停止进给而完成端面加工。

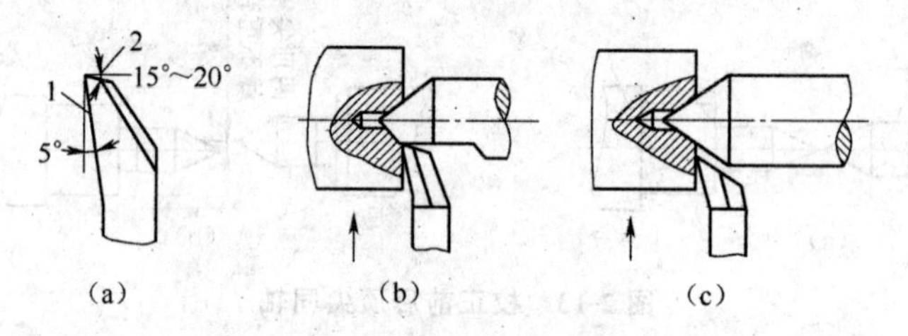

图 2-15 顶尖装夹车端面

(a)端面车刀 (b)半顶尖支承 (c)双锥面中心孔

(3)操作要点 车端面时，刀尖必须精确对准工件的旋转中心，否则将在工件中心处车出凸台，并易崩坏刀尖。装车刀时，也可用尾座顶尖对刀，用放置在刀柄下面的垫片调整车刀高度。刀尖高低调好后，用刀架上的螺栓将车刀固紧，螺栓要压实，然后再次检查车刀刀尖高度是否与顶尖平齐。刀柄伸出方刀架的长度应小于两倍的刀柄的高度。

用45°弯头车刀车端面(图2-14a)中心凸台是逐步车掉的，不易损坏刀尖。用90°车刀车端面(图2-14b)，凸台是瞬时车掉的，容易损坏刀尖，因此切近中心时应放慢进给速度。对有孔的工件，车端面时常用90°车刀由中心向外进给(图2-14c)，这样切削厚度较小，切削刃有前角，因而切削顺利，表面粗糙度值 R_a 较小。图中虚线所示为加工时易产生的误差。

车削端面时，车刀作横向进给。切削速度由外向中心逐渐减小，会影响端面的表面粗糙度，因此切削速度应比车外圆略高。粗车端面时，切削速度低一些，精车时可高一些；精车时，吃刀量要小一些，且慢进给。

二、车外圆和台阶

外圆柱面是轴和套类零件的主要组成表面，主要技术要求是外圆表面的尺寸公差等级、表面粗糙度值 R_a、形状和位置精度。车外圆是车削中最基本、最常见的加工方法。外圆车削是通过工件旋转和车刀作纵向进给运动来实现的。

(1)车外圆

①工件装夹。工件常采用三爪自定心卡盘、四爪单动卡盘和两顶尖装夹。

②外圆车刀。外圆车削分粗车和精车。粗车目的是切除大部分余量，提高生产率；精车目的是达到图样上的工艺要求。因此粗车刀的要求是：前角和后角较小，刃倾角为 0°～3°，以增强刀尖强度；主偏角不宜太小，以减少切削振动，利于刀具散热；刀尖处磨出过渡刃，以改善散热条件，增强刀尖强度；前刀面上磨出直线形或圆弧形断屑槽，以利于断屑。精车刀的前角和后角应大些，使车刀锋利，切削轻快，减少刀具与工件之间的摩擦；副偏角取小，刀尖处磨修光刃，以减小工件表面粗糙度；刃倾角取正值(3°～8°)，使切屑流向工件待加工表面；前刀面上磨出直线形或圆弧形断屑槽。

车外圆的车刀及应用如图 2-16 所示。图 2-16a 所示的直头刀主要用于车外圆，其主偏角 $\kappa_f=45°\sim75°$，副偏角 $\kappa'_f=10°\sim15°$。45°弯头刀和 90°偏刀既可车外圆又可车端面，应用较为普遍。90°偏刀车外圆时径向力很小，常用来车削细长轴的外圆。圆弧刀如图 2-16d 所示，刀尖具有圆弧，可用来车削具有圆弧台阶的外圆。各种车刀一般均可用来倒角。

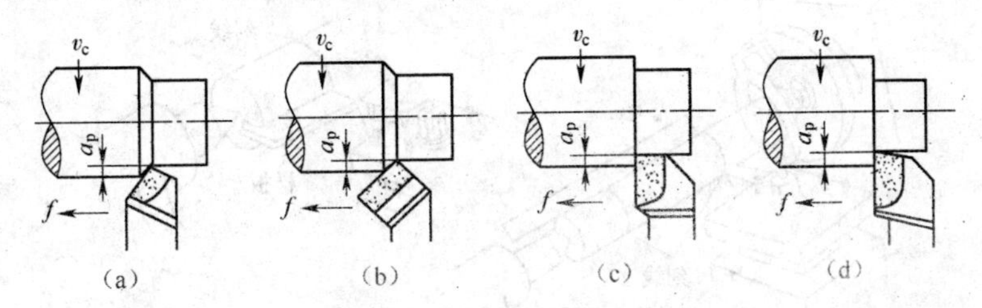

图 2-16　车外圆及其车刀

(a)直头车刀　(b)45°弯头车刀　(c)90°偏刀　(d)带圆弧刀尖的偏刀

③车外圆技术。车外圆时，车刀刀尖应与工件轴心等高，否则会出现圆度误差。根据尺寸精度和表面粗糙度的要求，外圆车削分粗车和精车。粗车时，在充分发挥刀具、机床性能的情况下，吃刀量应尽可能取得大一些，以减少切削时间。粗车外圆切削用量的取值范围见表 2-1。

表 2-1 粗车外圆的切削用量参考值

切削用量		切削速度(m/min)		背吃刀量(mm)	进给量(mm/r)
刀具材料		高速钢	硬质合金	高速钢	硬质合金
切削用量	碳钢	10～60	48～80	3～12	0.15～2
	铸铁	22～50	54～60	3～15	0.1～2

精车主要保证零件的加工精度和表面质量，因此精车时切削速度较高，进给量较小，背吃刀量较小。一般 $v_c > 80\text{m/min}$，$f < 0.2\text{mm/r}$，$a_p < 3\text{mm}$。

粗车精度可达到 IT10～IT12 级，表面粗糙度值 Ra20～30μm；半精车精度可达到 IT9～IT11 级，表面粗糙度值 Ra1.6～3.2μm；精车精度可达到 IT7～IT8 级，表面粗糙度值 Ra0.8～1.6μm。

(2)车台阶 轴经常会由多个不同直径的圆组成，称为台阶。台阶的车削需考虑外圆的尺寸和台阶的位置。低台阶(台阶高度小于 5mm)可用 90°右偏刀在车外圆的同时车出台阶的端面，如图 2-17 所示。高台阶一般与外圆成直角，需用右偏刀分层切削，或用 75°车刀先粗车，再用 90°车刀最后一次纵向进给后，横向退出，将台阶端面精车一次，如图 2-17b 所示。

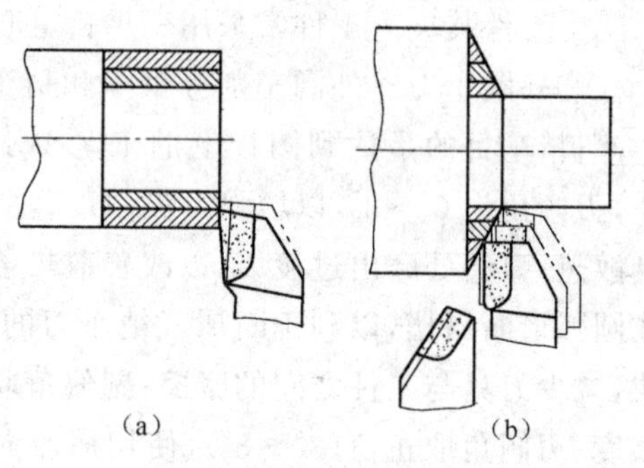

图 2-17 高台阶车削方法
(a)右偏刀分层切削 (b)75°，90°刀切削

在单件生产时，台阶长度用钢直尺控制，用刀尖刻出线痕来确定，刻线比所需长度略短 0.5～1mm，以留有余量，如图 2-18a 所示；在成批生产时可用样板控制，如图 2-18b 所示。

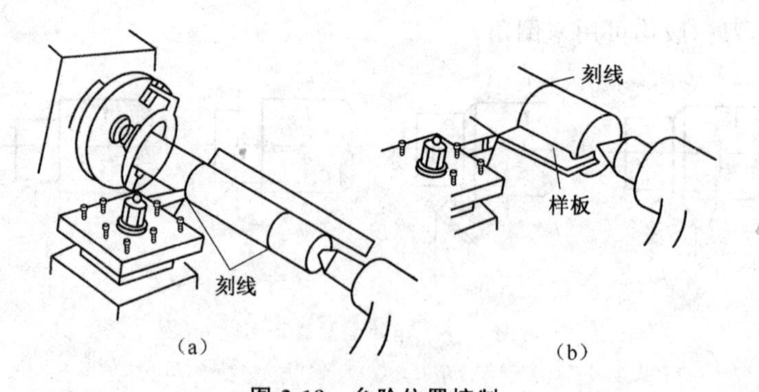

图 2-18 台阶位置控制
(a)直尺控制长度 (b)样板控制长度

(3)精度检测 外圆表面直径用游标卡尺、外径千分尺直接测量。

外圆表面形状精度，如圆度、圆柱度，当要求不高时，可用千分尺间接测量。用千分尺在工件圆周的不同方向测量，直径测量结果的最大值和最小值之差的一半近似为圆度误差。在不同的截面多测几处，取最大值作为工件的圆度误差。测量圆柱度是在外圆表面的全长上取左、中、右几点测量（注意这几点须在同一素线上），其最大值和最小值之差的一半近似为圆柱度误差。

检测外圆表面对于基准轴线的圆跳动时，可用百分表间接检测，如图 2-19 所示。测头 1 压在工件外圆柱面上，测头 2、3 压在工件台阶左右端面，转动工件，测头 1 指针摆动的范围即为该处的圆跳动数值，测头 2、3 的指针摆动为两端面的跳动量。

外圆表面的表面粗糙度，可与标准样板对照，用肉眼判断或用光学仪器检测。

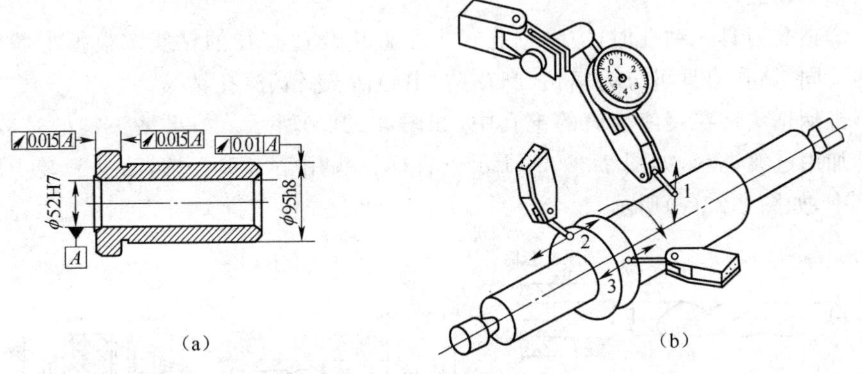

图 2-19　用百分表检测圆跳动

(a)工件图样　(b)测量方法

检测台阶长度一般用钢直尺，长度要求精确的台阶常用深度游标尺来测量，如图 2-20 所示。

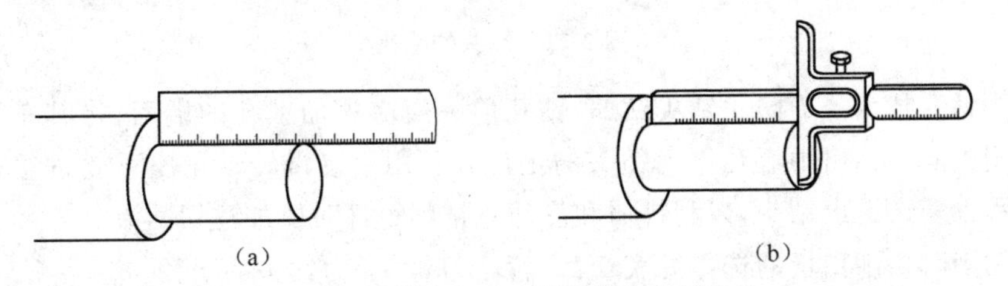

图 2-20　用钢直尺或深度游标尺检测台阶

三、孔的车削

机器上的各种轮、盘、套类零件，因支承和连接配合的需要，一般均加工有圆柱形或圆锥形的孔。孔的技术要求主要是内孔直径尺寸精度一般为 IT7～IT8 级，表面粗糙度值 Ra 为 0.2～1.6μm，形状精度有圆度和圆柱度要求，一般控制在孔径公差之内，位置精度有孔端与孔轴线的垂直度、孔与外圆轴线的同轴度，一般为 ϕ0.01～0.05mm。

车床上加工孔的方法有钻孔、扩孔、铰孔和车孔等。加工顺序有钻孔→扩孔→铰孔和钻孔→扩孔→车孔等方案。

(1)钻孔 在车床上钻孔如图 2-21 所示。工件旋转为主运动，摇动尾座手柄使钻头纵向移动为进给运动。钻孔的精度较低，尺寸公差等级为 IT11～IT14 级，表面粗糙度值 Ra 为 6.3～25μm，属于粗加工。

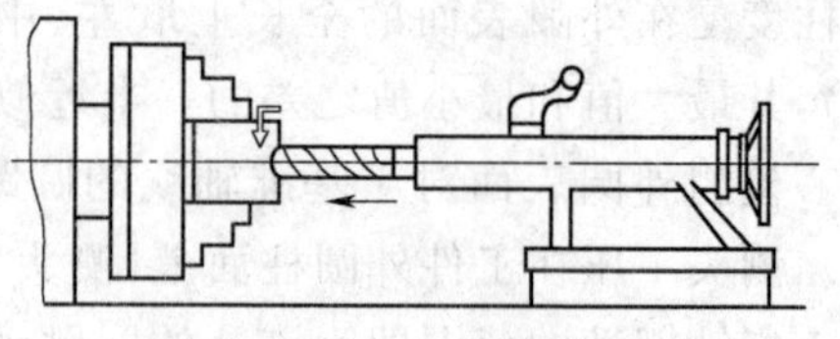

图 2-21 在车床上钻孔

①工件装夹。工件装夹在三爪自定心卡盘、四爪单动卡盘或专用车床夹具中，由主轴带动旋转。

②钻孔刀具。钻孔时，应根据孔径大小选用合适直径的钻头。根据形状和用途的不同，钻孔刀具可分为扁钻、麻花钻、中心钻、锪钻、深孔钻等。

锥柄钻头装在尾座套筒的锥孔中，如图 2-22(a)所示。如果钻头锥柄号数小，则可加用过渡锥套，如图 2-22(b)所示。直柄钻头用钻夹头夹持，钻夹头装于尾座套筒中，如图 2-22(c)所示。

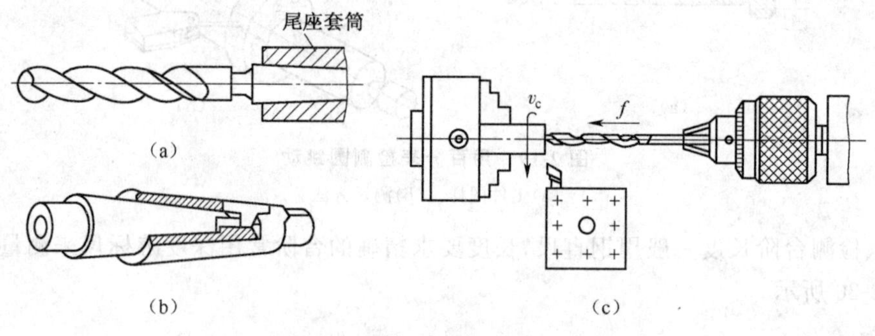

图 2-22 钻头的装夹

③钻孔技术。为防止钻头钻偏，钻孔前一般应先加工孔的端面，将其车平，有时也用中心钻钻出中心孔作为钻头的定位孔。用手慢慢转动尾座手轮进给，在加工过程中多次退出钻头，以利排屑和冷却。钻削钢件时要加注切削液。

钻削时切削用量的选择见表 2-2。背吃刀量 a_p 为钻头的半径。

表 2-2 钻孔的切削用量参考值(高速钢钻头，钻孔直径 10～25mm)

工件材料	切削速度(m/min)	进给量(mm)
碳钢	20～45	0.11～0.45
铸铁	17～40	0.23～0.90

车床主轴的转速根据钻头直径和选择的切削速度确定($n=1000v_c/d$)。

(2)扩孔 扩孔是用扩孔钻扩大孔径的加工方法，扩孔钻有高速钢扩孔钻和硬质合金扩孔钻两种，如图2-23所示。其中，图 2-23a 所示为高速钢扩孔钻，图 2-23b

所示为硬质合金扩孔钻。

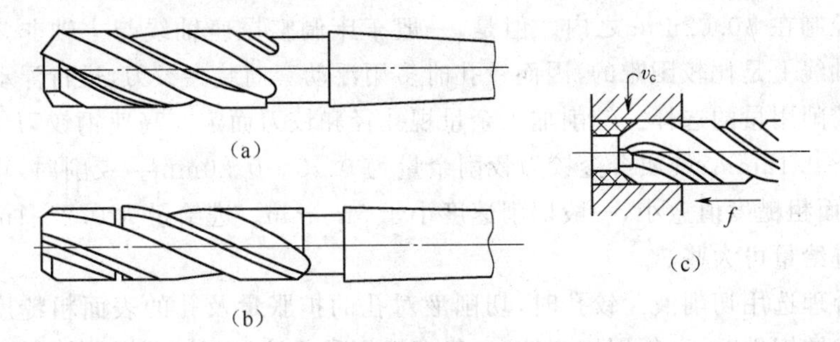

图 2-23　扩孔钻与扩孔

(a)高速钢扩孔钻　(b)硬质合金扩孔钻　(c)扩孔

在车床上用扩孔钻扩孔的尺寸精度可达 IT9～IT10 级，表面粗糙度值 Ra 达 3.2～6.3μm。扩孔用于一般孔的最终加工或者铰孔前的工序。

扩孔时工件的装夹与钻孔时相同。扩孔钻利用锥柄装于尾座套筒的锥孔中。扩孔同钻孔一样用手动进给。扩孔切削用量的选择为：扩孔背吃刀量 a_p 一般为(1/8)D(D 为工件孔径)，扩孔的切削速度和进给量均比钻孔时大 1～2 倍。

(3)铰孔　铰孔是在扩孔或半精车孔以后，用铰刀从孔壁上切除微量金属层的精加工方法，如图 2-24 所示。由于铰刀刀齿多，一般有 4～8 齿，刚度好，制造精度高，铰削余量小，切削速度低，所以铰孔尺寸精度可达 IT7～IT8 级，表面粗糙度值 Ra 为 0.32～1.6μm。

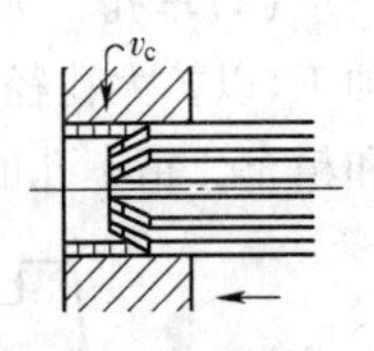

图 2-24　铰孔

1)工件的装夹。铰孔时工件的装夹与钻孔时相同。

2)铰刀。铰刀由工作部分、颈部、柄部三部分组成。工作部分包括切削部分与修光部分。切削部分为锥形，担负主要切削工作；修光部分的作用是校正孔径、修光孔壁和导向。柄部用来装夹和传递转矩，有圆柱形、圆锥形和方榫形三种。

铰刀按用途可分为机用铰刀和手用铰刀。机用铰刀的柄部为圆柱形或圆锥形，工作部分较短，主偏角较大，标准机用铰刀的主偏角为 15°。手用铰刀柄部做成方榫形，以便套入扳手，用手旋转铰刀来铰孔。它的工作部分较长，主偏角较小，一般为 40′～4°。

铰刀切削部分的材料为高速钢和硬质合金两种。

3)铰削操作要点：

①正确选择铰刀直径。铰孔的精度主要取决于铰刀的尺寸，铰刀的选择取决于被加工孔的尺寸(直径和深度)和孔所要求的加工精度。铰刀尺寸公差最好选择被加工孔公差带中间 1/3 左右的尺寸。如铰 $\phi 20\mathrm{H7}(^{+0.021}_{0})$孔时，铰刀的尺寸最好选择 $\phi 20^{+0.014}_{+0.007}$。铰刀的柄部一般有精度等级标记。

②注意铰刀刀刃质量。铰刀刃口必须锋利，没有崩刃、残留切屑和毛刺。

③正确安装铰刀。铰孔前，必须调整尾座套筒轴线，使其与主轴轴线重合，保

证铰刀的中心线和被加工孔的中心线一致,防止出现孔径过大或喇叭口现象,同轴度最好控制在 ϕ0.02mm 之内。但是,一般车床调整尾座轴线与主轴非常精确地在同一轴线上是比较困难的,因而铰孔时多用浮动套筒装夹铰刀,进行浮动铰削。

④铰削用量的选择。铰削加工余量视孔径和铰刀而定。高速钢铰刀铰削余量为 0.08～0.12mm;硬质合金铰刀铰削余量为 0.15～0.20mm。铰削时,切削速度愈低,表面粗糙度值愈小,一般切削速度小于 5m/min。进给量为 0.2～1mm/r,铰铸铁时进给量可大些。

⑤合理选用切削液。铰孔时,切削液对孔的扩胀量及孔的表面粗糙度有显著的影响。铰钢件时,必须用切削液,一般多选用乳化液切削液;铰铸件时,一般不用切削液,有时为了获得较小的表面粗糙度值,可用煤油做切削液。

⑥铰孔前对孔的要求。铰孔前,孔的表面粗糙度值要小于 3.2μm。铰孔由于多采用浮动铰削,对修正孔的位置误差能力差,孔的位置精度由前道工序保证,因此铰孔前往往安排扩孔、车孔工序。如果铰直径小于 10mm 的孔径,由于孔小,车孔非常困难,则一般先用中心钻定位,然后铰孔,这样才能保证孔的直线度和同轴度要求。工件孔口要倒角,便于铰刀切入。

(4)车孔 如图 2-25 所示,车孔是用内孔车刀对已经铸出和钻出的孔作进一步加工,以扩大孔径、提高精度和表面质量的一种加工方法。车孔可分为粗车、半精车和精车。精车孔的尺寸精度可达 IT7～IT8 级,表面粗糙度值 Ra 为 0.8～1.6μm。

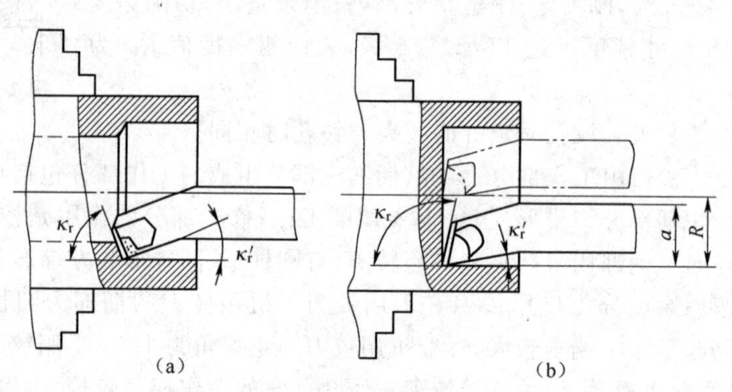

图 2-25 车孔刀具与车孔

(a)车通孔 (b)车盲孔

1)工件装夹。根据零件结构,可采用三爪自定心卡盘、四爪单动卡盘和一夹一托等方法装夹工作。

2)内孔车刀。内孔车刀有整体式和装夹式两种。装夹式内孔车刀(图 2-26)是把高速钢或硬质合金做成很小的刀头装在碳钢或合金钢制成的刀杆上,在顶端或上端用螺钉紧固。装夹式车刀刀柄刚度好,用于孔深大和孔径大的孔的加工。一般情况下常用整体式车孔刀具(图 2-25)。根据不同的加工情况,内孔车刀又可分为通孔车刀(图 2-25a、图 2-26a)和盲孔车刀(图 2-25b、图 2-26b)。

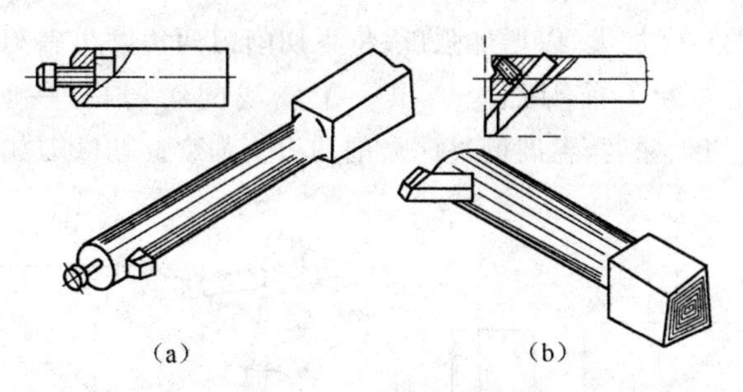

图 2-26　装夹式内孔车刀

(a)通孔车刀　(b)盲孔车刀

①通孔车刀。通孔车刀的几何形状基本上与外圆车刀类似。为了减小径向切削分力、防止振动,主偏角 κ_r 应取得较大些,一般在 60°~75°,副偏角 κ'_r 为 15°~30°。为了防止内孔车刀后刀面和孔壁产生摩擦,又不使后角磨得太大,一般磨成两个后角。

②盲孔车刀。盲孔车刀是用来车盲孔和台阶孔的,切削部分的几何形状基本上与偏刀相似。它的主偏角 κ_r 取 95°左右。刀尖在刀杆的最前端,刀尖与刀杆外端的距离 a 应小于内孔半径 R,否则孔的底平面就无法车平。装夹式盲孔车刀的刀杆方孔应做成斜的。

3)车孔操作要点:车孔与车外圆的方法基本相似,只是其进、退刀动作与车外圆相反,一般也需试切。

①切削用量。与车外圆相比,车孔的切削条件差,排屑难,冷却液不易进入切削区,所以切削用量要比车同样直径的外圆低 10%~20%。

②车孔的关键问题。车孔时,刀杆截面积受孔径限制,刀杆伸出长,刚度差,会造成孔轴线直线度误差。车孔的关键问题是提高内孔车刀的刚度和解决排屑问题。尽量增加刀杆截面积,尽可能缩短刀杆的伸出长度以增加车刀刚度;采用正刃倾角内孔车刀,使切屑流向待加工表面是车内孔时必须注意的。

③采用一次装夹完成内、外圆及端面加工是保证内孔与外圆的同轴度以及与端面垂直度最有效的方法。

4)精度检测。按图样标注的尺寸公差、形位公差、表面粗糙度要求,分别采用相应的检测手段予以检测。

四、切断

在用长料加工工件时,需将料切断。

(1)工件装夹　一般采用卡盘装夹工件,不宜采用两顶尖装夹。

(2)切断刀　切断刀有高速钢切断刀和硬质合金切断刀。通常情况下,前者用于直径较小的工件,后者用于直径较大的工件或高速切断。切断与车槽类似,但是,当工件的直径较大时,切断刀刀头较长,切屑容易堵塞在槽内,刀头容易折断。因此,往往将切断刀刀头的高度加大，以增加强度；将主切削刃两边磨出斜刃，以利于排屑；为了使切削顺利，在切断刀前刀面上磨出一个较浅的卷屑槽，一般槽深为0.75～1.5mm，长度超过切入深度，卷屑槽过深会削弱刀头强度。切断刀如图2-27所示。

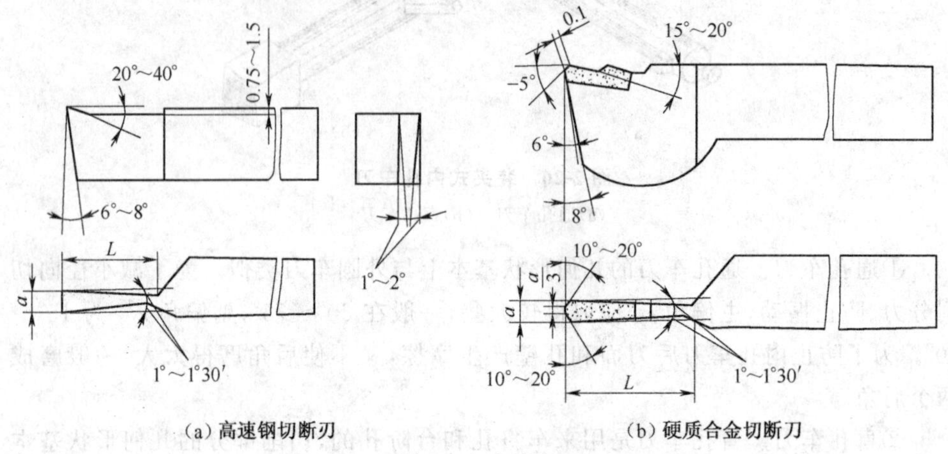

(a) 高速钢切断刀　　(b) 硬质合金切断刀

图2-27　切断刀

(3)切断操作要点　切断处应尽可能靠近卡盘，在材料长度允许的情况下，切断刀宽度尽可能取大值；切断刀不宜伸出太长；切断刀主切削刃必须对准工件中心，如图2-28c所示，低于或高于工件中心均会使工件中心部位形成凸台，切不到中心，且易损坏刀头；切断时进给要均匀、不间断，即将切断时需放慢进给速度，以免刀头折断。

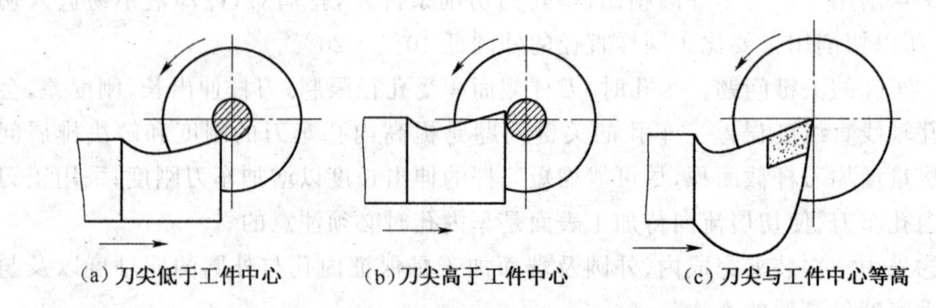

(a) 刀尖低于工件中心　(b) 刀尖高于工件中心　(c) 刀尖与工件中心等高

图2-28　切断刀与工件中心相对位置

切断时，应根据工件材料、切断刀材料与结构、是否使用切削液等来选择切削用量。切削速度应比车外圆时略高，进给量比车外圆时低。切断时切削用量参考值见表2-3。

表2-3　切断时切削用量参考值

刀具材料		高速钢切断刀		硬质合金切断刀	
切削用量		切削速度(m/min)	进给量(mm/r)	切削速度(m/min)	进给量(mm/r)
工件材料	钢	20～35	0.05～0.15	100～120	0.2～0.3
	铸铁	15～25	0.07～0.18	45～60	0.1～0.3

五、车槽

工件上常见的槽结构有外槽、内槽与端面槽，如图 2-29 所示。槽的作用一般是为了磨削或车螺纹时退刀方便，或使砂轮在磨削端面时保证肩部垂直，因此尺寸要求不高。

车槽与车端面相似，如同左、右偏刀同时车削左右两个端面。因此，车槽刀具有一个主切削刃和两个副切削刃，如图 2-29b 所示。装夹刀具时，使主切削刃与工件外圆素线平行，否则槽底部车不平。

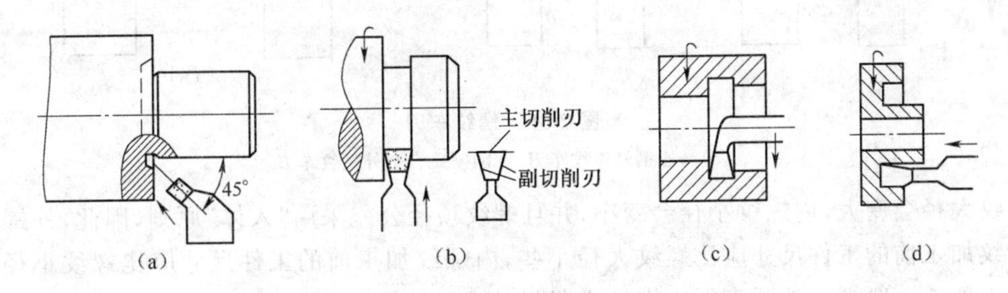

图 2-29 车槽与车槽刀

(a)45°槽 (b)外圆槽 (c)内孔槽 (d)端面槽

宽度为 5mm 以下的窄槽，可用主切削刃与槽等宽的车槽刀一次切出。

切削速度选择与车外圆相同。进给一般用手动，根据刀刃宽度和工件刚度采取适当的进给量，以不产生振动为宜。

六、车螺纹

在车床上可加工各种类型和直径的螺纹。其加工精度可达 9～4 级，表面粗糙度值 Ra 可达 0.8～3.2μm。车床上螺纹加工多用于单件、小批生产。

螺纹的应用甚广，种类很多，其中米制螺纹应用最广泛。这里介绍米制螺纹的加工。

(1)工件装夹 常用卡盘、顶尖装夹工件。

(2)车螺纹刀具 螺纹加工必须保证螺纹的牙型和螺距的精度，并使相配合的螺纹具有相同的中径，否则加工出来的螺纹不能旋合。为了获得正确的牙型，必须正确刃磨车刀，螺纹车刀切削部分的形状必须磨成与螺纹牙型完全一致，米制螺纹车刀刀尖角为 60°，使用样板检查时，刀尖应与样板配合无缝。螺纹车刀如图 2-30 所示，其中图 2-30a 所示为高速钢外螺纹车刀，粗车加工时常采用 5°～15°的正前角。精车螺纹时，应使用前角为零的螺纹车刀。图 2-30b 所示为硬质合金外螺纹车刀。硬质合金外螺纹车刀高速切削时，牙型角会扩大，因此刀尖角减小 30′。

(3)车削螺纹技术

1)螺纹加工前尺寸的确定。三角形螺纹在车削时，由于车刀的挤压作用，外螺

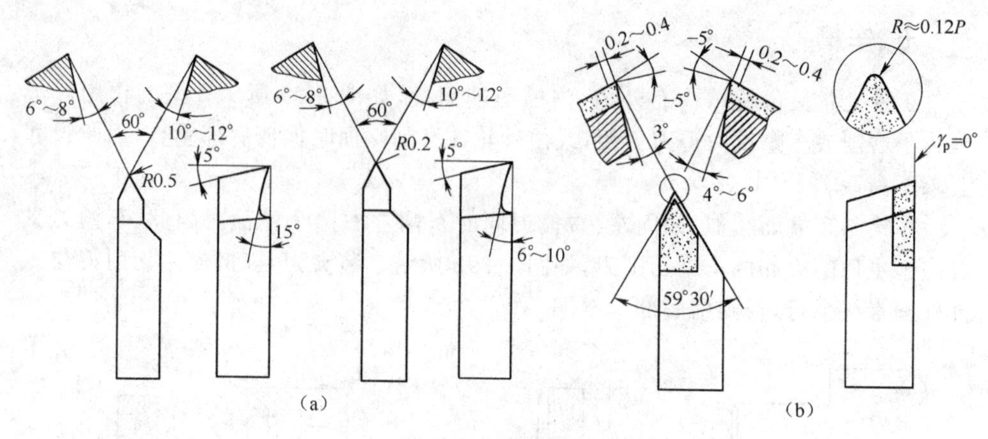

图 2-30 螺纹车刀

(a)高速钢外螺纹车刀 (b)硬质合金外螺纹车刀

纹大径会变大,内螺纹小径会变小,并且螺纹顶径公差采用“入体”原则,因此,外螺纹加工前的工件尺寸应比螺纹大径小些,内螺纹加工前的工件尺寸应比螺纹小径大些。一般螺纹外圆直径比螺纹大径尺寸小 $0.12P$。另外,工件上应预先加工好退刀槽。

2)机床调整。车削螺纹时,要变换进给箱手柄,接通丝杠。根据所加工的螺距查阅进给箱铭牌,将进给手柄调至相应螺距位置上。

3)进刀方法。低速车削米制螺纹时的进刀方法有以下三种。

①直进法如图 2-31a 所示,车削时,在每次往复行程后,车刀沿横向进刀,通过多次行程,完成车削。车削时,车刀双面切削,容易产生扎刀现象,常用于车削螺距较小的米制螺纹。

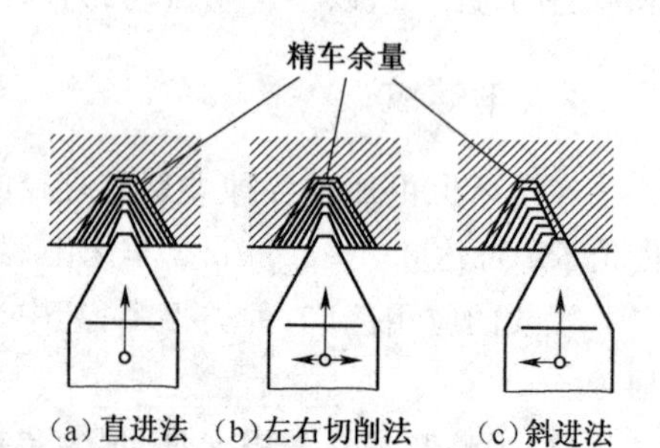

图 2-31 车米制螺纹时的进刀方法

②左右切削法如图 2-31b 所示,车削时,每次往复行程后,除了作横向进刀外,同时还利用小滑板把车刀纵向作微量进给,这样重复几次行程,直至完成车削。

③斜进法如图 2-31c 所示,在粗车螺纹时,为了操作方便,在每次往复行程后,除中滑板横向进给外,小滑板只向一个方向作微量进给。但在精车时,必须用左右切削法才能使螺纹的两侧面都获得较小的表面粗糙度值。

左右切削法和斜进法中,由于车刀是单面切削,因而不易产生扎刀现象,常在车削较大螺距的螺纹时使用。用左右切削法精车螺纹时,小滑板的左右移动量不宜过大,否则会造成牙槽过宽及凹凸不平。

4)切削用量确定。为了获得合格的螺纹中径 d_2(或 D_2),必须准确控制多次进给切削的总背吃刀量。一般根据螺纹牙高(螺纹牙高为 $0.5413P$,P 为螺距),由刻度盘进行大致控制，每次走刀的背吃刀量按先粗后精原则确定，并用螺纹量规或其他测量中径值的方法进行检验控制。最后一刀可采用光车。

5）车刀安装。螺纹车刀安装时，刀尖必须与工件螺纹轴线等高，刀尖角的平分线必须与工件轴线垂直，这样才能保证螺纹在纵向截面上获得正确的牙型。螺纹车刀安装时常使用样板对刀，如图2-32所示。将样板靠平工件外圆，螺纹车刀的两侧切削刃与样板的角度槽对齐，作透光检查，如车刀歪斜，用铜棒轻敲刀柄，使车刀位置对准样板。对好后，紧固车刀，并且再复查一次，以防拧紧刀架螺栓时车刀移动。

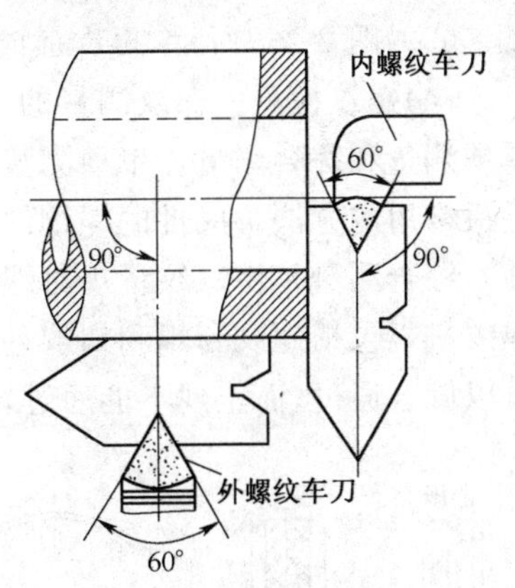

图2-32　螺纹车刀安装

6）操作要点：

①如图2-33a所示，机床启动，使车刀与工件轻微接触，记下刻度盘数值，向右退出刀具。

②如图2-33b所示，合上开合螺母，在工件表面上车出一条螺纹线，横向退出车刀，停车。

③如图2-33c所示，开反车使车刀退到工件右端，停车，用直尺检查螺距是否正确。

④如图2-33d所示，利用刻度盘调整吃刀量，开车切削。车钢料时，加冷却液冷却。

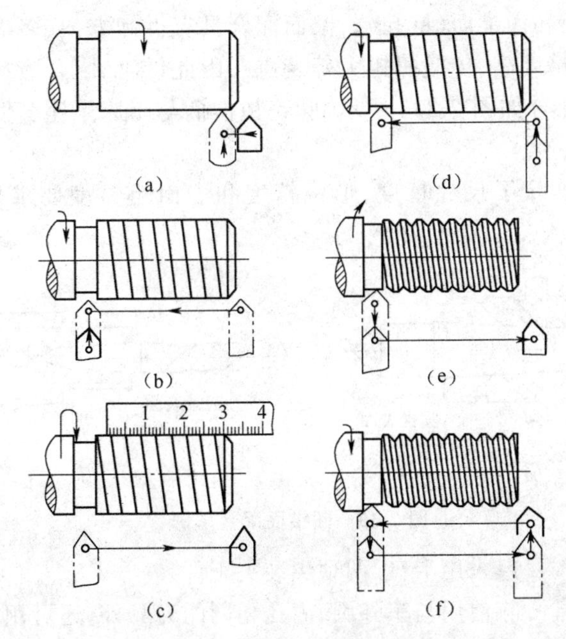

图2-33　螺纹车削的步骤

⑤如图 2-33e 所示，车刀将至行程终了时，应作好退刀准备，先快速横向退出车刀，然后停车，开反车退回。

⑥如图 2-33f 所示，再次横向进刀切削，直至螺纹符合要求。

(4)螺纹检测　螺纹测量的主要参数有螺距、大径、小径、中径，测量的方法有单项测量和综合测量。单项测量主要对于精度要求较高的单件螺纹测量，三针法是最常用的方法。成批的螺纹件宜采用螺纹规进行综合测量。

综合测量是用螺纹量规对螺纹各主要参数进行综合性测量。如图 2-34 所示，螺纹量规包括螺纹套规和螺纹塞规。它们都由通规和止规组成，检测时如果通规可以旋合通过，而止规不能通过，则螺纹为合格。

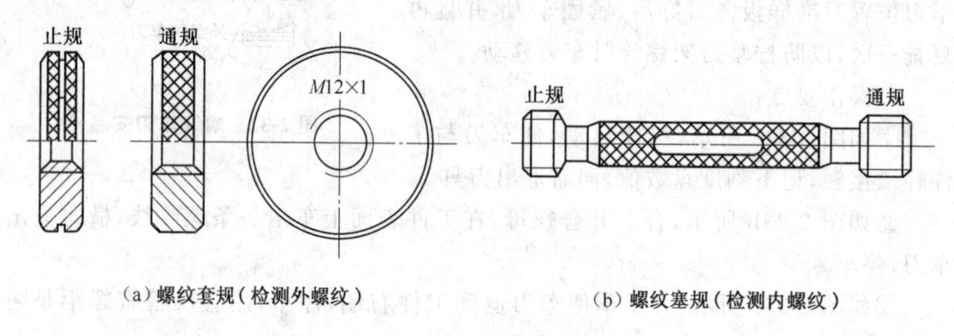

(a) 螺纹套规（检测外螺纹）　　(b) 螺纹塞规（检测内螺纹）

图 2-34　螺纹量规

七、车锥面

锥面分外锥面和内锥面(锥孔)。锥面配合具有拆卸方便、多次拆装仍能保持精确的定心、配合精度高、传递扭矩大等特点。因此，锥面配合应用广泛。车床主轴锥孔与顶尖的配合如图 2-35a 所示，麻花钻椎柄与车床尾座套筒锥孔的配合如图 2-35b 所示。

圆锥面的加工除了尺寸精度、形位精度和表面粗糙度要求外，还有锥度的要求。

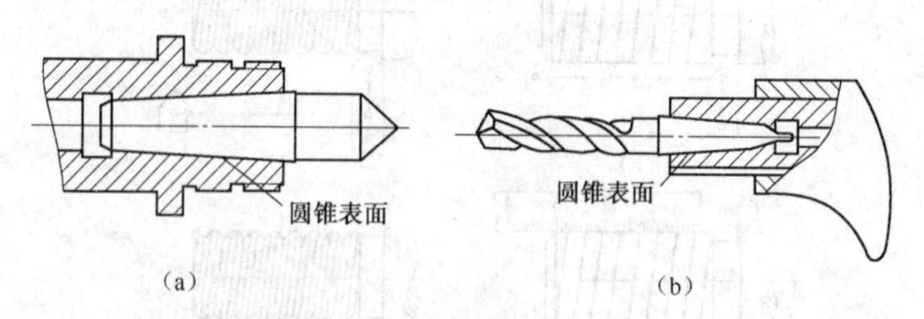

(a)　　(b)

图 2-35　圆锥面配合举例

(1)工件装夹　一般采用卡盘、两顶尖装夹工件。

(2)车锥面刀具　除使用与车外圆、内孔相同的刀具外，还可用宽刃车刀、锥形铰刀。

(3)车锥面操作要点　一般先按圆锥大端和圆锥部分的长度车成圆柱体，然后车锥面。锥面车削方法有小滑板转位法、尾座偏移法、宽刀法(又称样板刀法)以及仿形法等。这里仅介绍适于加工短锥面的小滑板转位法。

小滑板转位法如图2-36所示，当内、外锥面的圆锥角为α时，将小刀架扳转$\alpha/2$，使车刀的运动轨迹与所要求的圆锥素线平行即可加工。

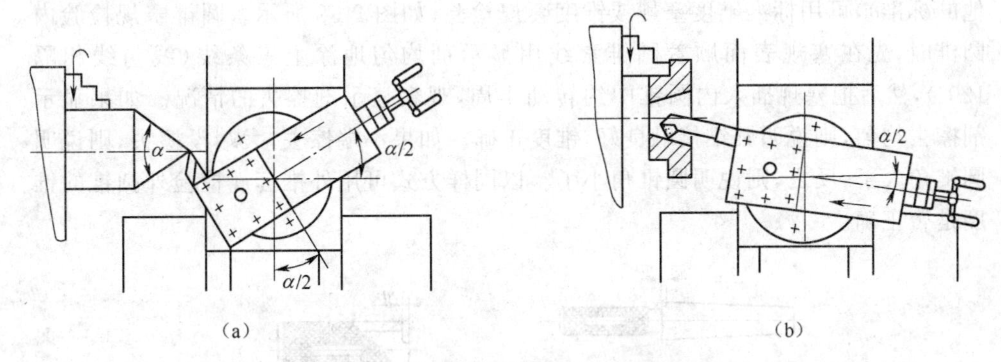

图2-36　小滑板转位法车内、外圆锥面

此法操作简单，可加工任意锥角的内、外锥面。但加工长度受小滑板行程的限制，一般手动进给，表面粗糙度较难控制。

①小滑板的调整。一般可利用刻度转盘调整角度，通过试切逐步校正。车削前应检查并调整好小滑板镶条的松紧。过紧，手动进给时费力，移动不均匀，工件锥面的表面粗糙度值会增大；过松，则小滑板间隙过大，车出工件的圆锥母线不平直，锥面的表面粗糙度值也会增大。此外，还应注意小滑板行程位置的调整，考虑锥面的长度，前后适中，不要靠前或靠后，刀架悬伸过长会降低刚度，影响加工质量。

②车圆锥面时尺寸控制的方法。在车削过程中，当锥度已车准而大、小端尺寸还未达到要求时，必须再进行车削。根据套规台阶(或刻线)中心到工件小端面的距离L，按图2-37所示，其背吃刀量a_p可用以下方法算出。

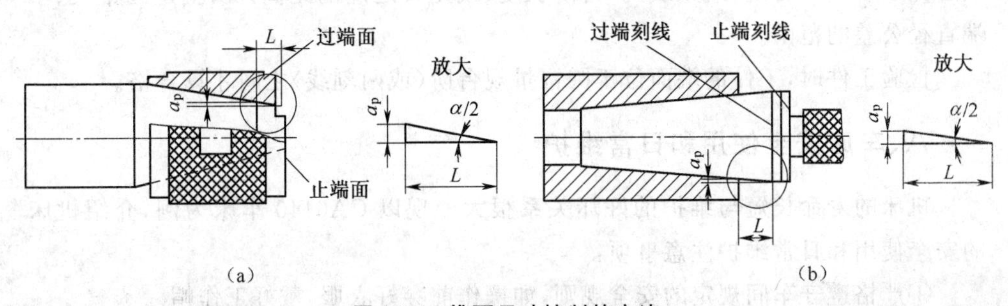

图2-37　锥面尺寸控制的方法

$$a_p = L\tan(\alpha/2) \text{或} a_p = LC/2$$

式中　a_p——界限量规或台阶中心距离工件端面L时的背吃刀量(mm)；

α——工件圆锥角(°);

C——工件锥度;

L——套规台阶中心到工件小端面的距离(mm)。

(4)精度检测

①锥度检验。在检验标准圆锥或配合精度要求高的工件时(如莫氏锥度和其他的标准),可用标准锥度塞规或锥度套规检验,如图2-38所示。圆锥塞规检验内圆锥时,先在塞规表面顺着圆锥素线用显示剂均匀地涂上三条线(线与线相隔120°),然后把塞规插入内圆锥中约转动半周,观察显示剂擦去的情况。如果显示剂擦去均匀,则说明圆锥接触良好,锥度正确。如果小端擦去,大端没擦去,则说明圆锥角大了;反之,则说明圆锥角小了。以同样方式可用外锥套规检验外圆锥的锥度是否正确。

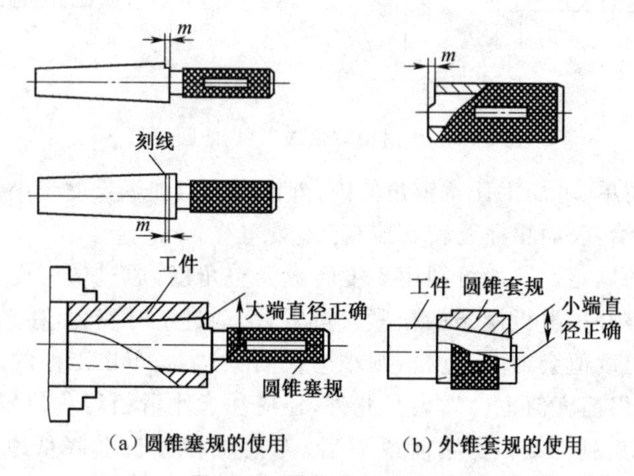

图2-38 圆锥量规的使用

②圆锥的尺寸检验。圆锥大、小端直径可用圆锥量规来测量。

圆锥量规如图2-38所示,它除了有精确的圆锥表面外,在塞规和套规的端面上还分别有一个台阶(或刻线)。台阶长度(或刻线之间的距离)m,就是圆锥大、小端直径公差的范围。

检验工件时,工件的端面位于圆锥量规台阶(或两刻线)之间才算合格。

八、车床安全使用和日常维护

机床的寿命长短与维护的好坏关系很大。现以CA6140车床为例,介绍机床的安全使用和日常维护注意事项:

①严格遵守车间规定的安全规则,如操作前穿好衣服,戴好工作帽。

②操作机床不允许戴手套。

③不准用手刹住转动的卡盘。

④用钩子和刷子清理车床上的切屑,不准用手直接清除切屑。

⑤不允许在机床工作面及导轨面上敲击物件,床面上不允许直接放置工具和杂物。

⑥工作时不允许无故离开机床,离开机床前必须停车。

⑦车床变换速度时必须停车,否则将损坏齿轮或机构。

⑧工件、刀具必须夹紧可靠。工件夹紧后,及时拿掉扳手。

⑨下班前必须清除切屑,按润滑图逐点进行润滑。

⑩经常观察油标、油位,采用规定的润滑油及油脂。适时调整轴承和导轨的间隙。

⑪工作结束后,切断机床总电源,刀架移到尾座一端。

第三章 铣削加工

铣削基本知识包括铣床的结构特点、铣削的适应范围、铣刀的特点、铣削用量以及典型的铣削加工方法。

铣削的主要操作者为铣工。

第一节 铣 床

铣床是目前机械制造业中广泛采用的工作母机之一。数控技术的应用,使铣床的功能得到很大的提高和扩展,现已逐步开发出数显铣床、数控铣床、程控铣床和加工中心等先进铣床。

铣床的类型很多,根据构造特点及用途分类,铣床主要有:升降台式铣床、龙门铣床、工具铣床、圆台铣床、仿形铣床和各种专门化铣床等。

升降台式铣床是铣床中应用最广泛的一种类型。升降台式铣床的结构特征是,安装铣刀的主轴作旋转运动实现主运动,其轴线位置通常固定不变;安装工件的工作台可在相互垂直的三个方向上调整位置,并可在其中任一方向上实现进给运动。升降台式铣床根据主轴的布局可分为卧式和立式两种。卧式铣床应用最广泛,具有典型性。

一、典型铣床的构造

典型铣床 XA6132 适应性强,具备卧铣、立铣以及其他特殊的铣削功能,被称为万能铣床,其外形如图 3-1 所示。

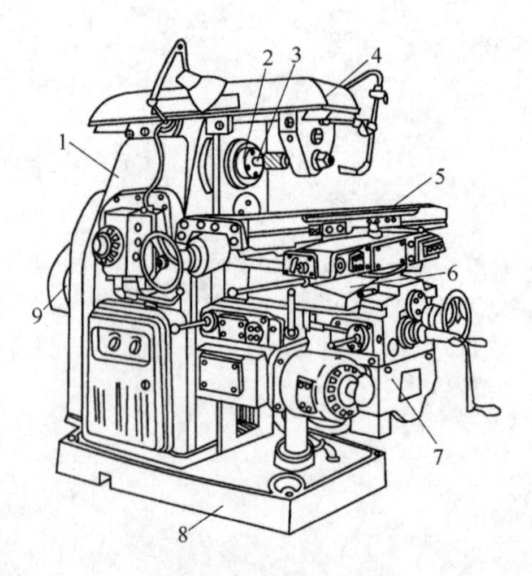

图 3-1 XA6132 万能铣床

1. 床身 2. 主轴 3. 刀杆 4. 横梁 5. 工作台 6. 床鞍 7. 升降台 8. 底座 9. 主电动机

二、铣床主要部件的作用

卧式铣床的主要部件如图 3-2 所示。

(1)床身 床身用来安装和连接其他部件。床身固定在底座上,床身内部装有主轴部件、主传动装置及其变速操纵机构等。床身正面有垂直导轨,可引导升降台上下移动。床身的顶部有燕尾形水平导轨安装悬梁。

(2)主轴 主轴是一空心轴,前端有

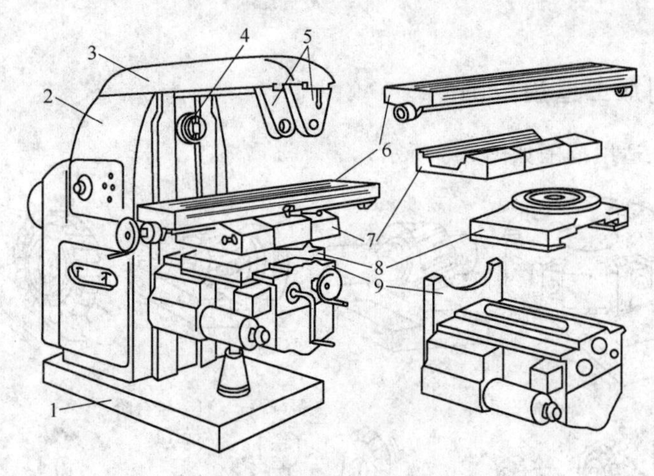

图 3-2　卧式铣床主要部件

1. 底座　2. 床身　3. 悬梁　4. 主轴　5. 刀杆支架　6. 工作台　7. 回转盘　8. 床鞍　9. 升降台

7∶24的精密锥孔，用于铣刀或铣刀心轴定心，并使用拉杆拉紧后随同主轴旋转。

(3)悬梁　悬梁安装在床身顶部的燕尾形水平导轨上，可沿水平方向按加工需要调整其伸出长度。其下方导轨可安装刀杆支架(挂架)，支承刀杆的另一端。

(4)刀杆支架　刀杆支架又称挂架，用于支承刀杆的悬伸端，以提高刀杆刚度。

(5)工作台　工作台可沿回转盘上的导轨作垂直主轴轴线方向的纵向移动，以带动台面上的工件作纵向进给运动。

(6)回转盘　回转盘可在床鞍上绕垂直轴线在±45°范围内移动，可使工作台实现斜向进给(如铣削螺旋表面)。

(7)床鞍　床鞍安装在升降台上的水平导轨上，可沿主轴轴线方向带动工作台一起横向移动，实现横向进给。

(8)升降台　升降台可沿床身垂直导轨上下移动，用来调整工作台的高低位置。其内部装有进给用的电动机和进给变速机构。

(9)底座　底座用来承受铣床的全部重量及盛放切削液。如果把悬梁移到床身正面以内，再在床身导轨上装上立铣头，则还可当作立式铣床使用。

若将悬梁 3 卸下，将立铣头装在床身 2 上，利用主轴 4 驱动立铣头，即可实现立铣模式。

第二节　铣削加工适应性

铣削加工是铣刀旋转作主运动、工件或铣刀作进给运动的切削加工方法。

在铣床上使用不同的铣刀，可以加工平面、台阶、沟槽(直角槽、V 形槽、燕尾槽和 T 形槽等)和成形面。采用分度盘还可进行多种分度工作，例如铣花键、齿轮和螺旋槽等。此外还可以钻孔、铰孔和镗孔。铣削是机械制造行业中应用十分广泛的加工方法。

一、铣削加工适用范围

铣削加工适用范围如图 3-3 所示。

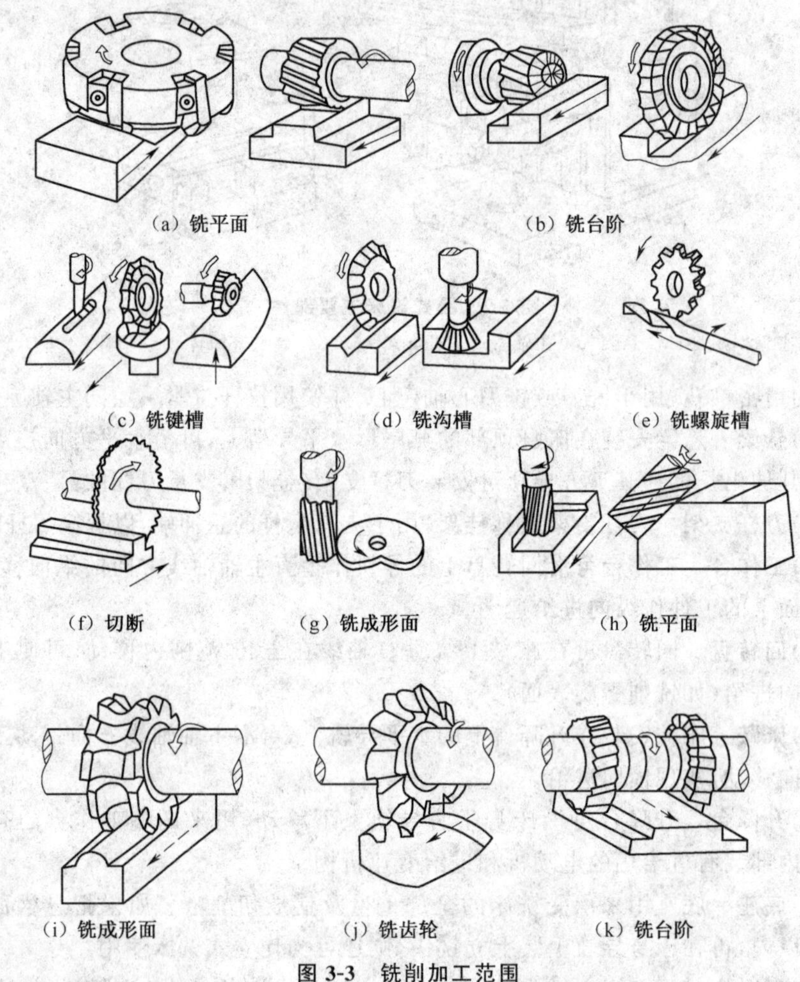

(a) 铣平面　(b) 铣台阶　(c) 铣键槽　(d) 铣沟槽　(e) 铣螺旋槽　(f) 切断　(g) 铣成形面　(h) 铣平面　(i) 铣成形面　(j) 铣齿轮　(k) 铣台阶

图 3-3　铣削加工范围

(1)铣平面　采用圆盘形端面铣刀或圆柱铣刀铣工件某些表面，如图 3-3a、h 所示。

(2)铣键槽　采用立铣刀或三面刃铣刀在轴上铣键槽，如图 3-3c 所示。

(3)铣台阶　采用圆柱铣刀或三面刃铣刀加工工件上的平面台阶，如图 3-3b、k 所示。

(4)铣沟槽　采用专用铣刀加工所示的沟槽，如图 3-3d 所示。

(5)其他铣削　如切断、铣螺旋槽、铣齿轮及多种成形面等。

铣削使用各种多齿旋转铣刀进行切削，铣削时同时切削齿数多，并能采用较高的切削速度和连续进给运动方式，因而加工范围广，生产率高。

二、铣削加工精度

由于铣刀是多齿刀具，切削过程又是断续切削，所以加工精度较低，表面质量较差，一般多用于粗加工或半精加工。铣削加工精度一般为IT8～IT9级，表面粗糙度Ra值为1.6～12.5μm，特殊工艺条件下加工精度可高达IT5级，表面粗糙度Ra值为0.2μm。

三、铣削加工切削用量

铣削加工时，铣刀与工件之间的相对运动，称为切削运动。其中铣刀的回转运动是主运动，工件相对铣刀的移动或转动是进给运动。

铣削过程中所选用的切削用量称为铣削用量，具体是铣削速度、进给量、背吃刀量和侧吃刀量。

(1)铣削速度v_c 铣削速度v_c即主运动速度，指铣刀旋转运动的线速度。

$$v_c=\pi d_0 n/1000$$

式中，d_0为铣刀外径(mm)；n为铣刀转速(r/min)。

(2)进给量 进给量是刀具在进给运动方向上相对工件的位移量，可用刀具或工件每转或每行程的位移量来表述和度量。进给量有如下三种表示方法。

①每齿进给量f_z：铣刀每转过一个刀齿时，每齿相对工件在进给运动方向上的位移量，单位为mm/z。

②每转进给量f_r：铣刀每转过一周，工件相对于铣刀在进给运动方向上移动的距离，单位为mm/r。

③每分钟进给量f_m：铣刀旋转一分钟，工件相对于铣刀在进给运动方向上移动的距离，单位为mm/min。每分钟进给量f_m与进给速度v_f具有相同的含义。

$$f_r=f_z\times z\ (\mathrm{mm/r})$$

$$f_m=f_r\times n=f_z\times z\times n\ (\mathrm{mm/min})$$

(3)背吃刀量a_p 背吃刀量a_p指平行于铣刀轴线方向测量的被切削层尺寸，单位为mm。

(4)侧吃刀量a_e 侧吃刀量a_e指垂直于铣刀轴线方向测量的被切削层尺寸，单位为mm。

不同铣削方式下的铣削背吃刀量a_p和铣削侧吃刀量a_e如图3-4所示。

铣削用量的选择，一方面，根据加工零件的工艺卡片上所注明的参数进行确定；另一方面，根据选用的铣刀材料、齿形、工件材料、加工精度和加工工艺，确定合理的切削速度及进给量，然后参考所用铣床的参数，选择实际使用的转速和进给量。铣削用量的选择，要考虑的因素较多。通常情况下，常用材料平面类加工铣削用量见表3-1。

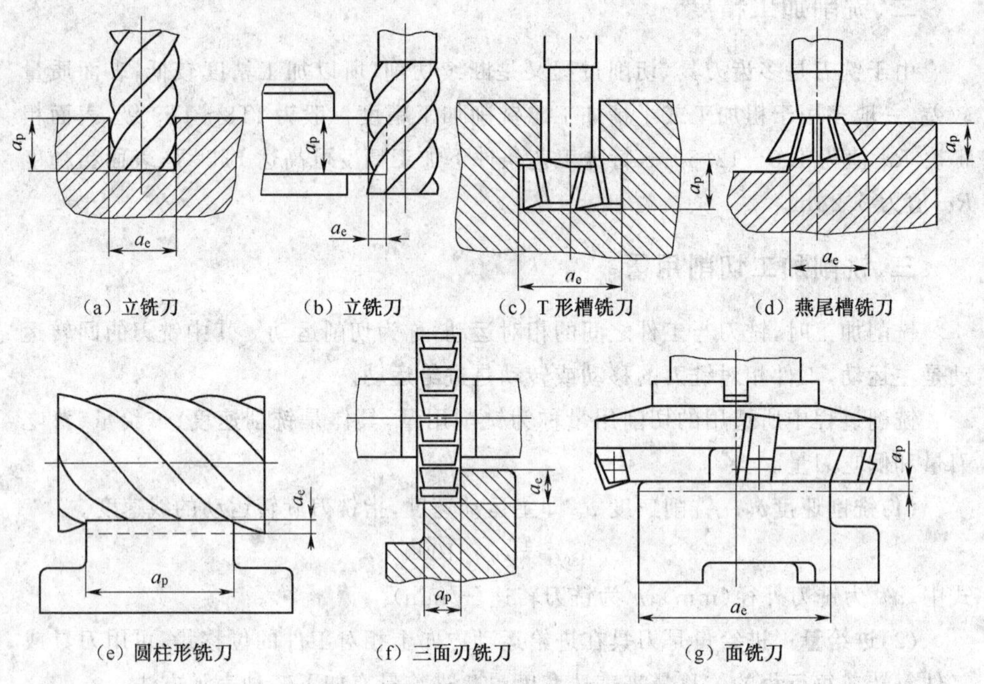

（a）立铣刀　（b）立铣刀　（c）T 形槽铣刀　（d）燕尾槽铣刀

（e）圆柱形铣刀　（f）三面刃铣刀　（g）面铣刀

图 3-4　不同铣削方式下的 a_p 和 a_e

表 3-1　常用材料平面类加工铣削用量

工件材料	铣削速度/(m/min)	背吃刀量/mm	每齿进给量/mm
45 钢	120～150	$a_p>3$	0.10～0.25
	20～35		
20 钢	150～190		0.02～0.06
	20～45		
灰铸铁	70～100	$a_p>5$	0.15～0.30
	14～22		0.05～0.10

【例 3-1】　用一把直径为 20mm、齿数为 3 的立铣刀铣削，f_z 采用 0.04mm/z，铣削速度采用 20mm/min，求铣床的转速 n 和进给量。

已知：$v=20\text{mm/min}, z=3, f_z=0.04\text{mm/z}, d_0=20\text{mm}$

根据公式 $v=\pi d_0 n/1000$，有

$$n=\frac{1000v}{\pi d_0}=\frac{1000\times 20}{3.14\times 20}=318(\text{r/min})$$

查铣床铭牌为 300r/min。而

$$f_m=f_z\times z\times n=0.04\times 3\times 300=36(\text{mm/min})$$

查铣床铭牌为 37.5mm/min。

第三节　铣　　刀

一、铣刀材料

铣刀材料主要有高速钢和硬质合金两种。高速钢用于制造整体式铣刀，如圆柱铣刀、立铣刀、片铣刀、成型铣刀等适用于半精加工；硬质合金刀头焊接在刀体上，再装配成所需的铣刀，如硬质合金端面铣刀，适用于粗加工。

二、常用铣刀

铣刀使用广泛，种类与规格很多，利用铣刀可以加工平面、沟槽、台阶、花键轴、齿轮、螺纹和各种成形表面。常用铣刀的类型及用途如图 3-3 所示。

(1)加工平面用的铣刀　加工平面用的铣刀有如图 3-3a 所示的圆柱铣刀和端铣刀两种。刀齿布置在刀体的圆柱面上，称为圆柱铣刀。按切削刃形状的不同，又可将其分为直齿圆柱铣刀和螺旋齿圆柱铣刀。螺旋齿圆柱铣刀工作时，切削力变化小，切削过程平稳，加工质量也较好，但加工时产生较大的轴向力。加工较小的平面时，也可使用立铣刀(图 3-3h)和三面刃铣刀(图 3-3b)。

(2)加工沟槽用的铣刀　根据沟槽的不同形状，加工沟槽的铣刀相应有多种。如图 3-3g、h 所示的立铣刀，其刀齿布置在圆柱形刀体的圆柱面和端面上。立铣刀的刀齿为螺旋齿，主要用于加工两头不通的凹槽、台阶和简单成形面。如图3-3c 左所示的键槽铣刀专门用于加工键槽，它只有两个刀齿。这是为了保证刀齿有足够的强度和较大的容屑空间。

如图 3-3b 右所示的三面刃铣刀在铣台阶面，图 3-3c 中间所示的三面刃铣刀在加工窄槽，图 3-3d 所示的角度铣刀在加工燕尾槽和 V 形槽，图 3-3e 所示的盘状铣刀在铣螺旋槽，图 3-3f 所示的圆锯片铣刀在切断工件，也可用于加工窄槽。这些圆盘状铣刀属于加工沟槽用铣刀。

(3)加工成形面用的铣刀　成形铣刀是根据成形面的形状而专门设计的一种铣刀，加工半凸圆用铣刀如图 3-3i 所示，加工齿形用铣刀如图 3-3j 所示，同时加工几个表面的组合铣刀如图 3-3k 所示。

常用铣刀的名称和用途见表 3-2。

表 3-2　常用铣刀的名称和用途

分　类	铣　刀　名　称	用　途
加工平面用铣刀	圆柱铣刀，包括粗齿圆柱形铣刀、细齿圆柱形铣刀	粗、半精加工平面
	面铣刀，包括镶齿套式面铣刀、硬质合金面铣刀、可转位面铣刀	粗、半精加工和精加工各种平面

续表 3-2

分　类	铣刀名称	用　途
加工沟槽、台阶表面用铣刀	立铣刀,包括粗齿立铣刀、中齿立铣刀、细齿立铣刀、套式立铣刀、模具立铣刀	加工沟槽表面,粗、半精加工平面,加工台阶表面和各种模具表面
	三面刃铣刀、两面刃铣刀、直齿三面刃铣刀、错齿三面刃铣刀、镶齿三面刃铣刀	粗、半精加工沟槽表面
	锯片铣刀,包括粗齿、中齿、细齿锯片铣刀	加工窄槽表面,切断
	键槽铣刀,包括平键槽铣刀、半圆键槽铣刀	加工平键键槽、半圆键键槽表面
	T 形槽铣刀	加工 T 形槽表面
	燕尾槽铣刀、反燕尾槽铣刀	加工燕尾槽表面
	角度铣刀,包括单角铣刀、对称双角铣刀、不对称双角铣刀	加工 18°～90°范围内的各种角度沟槽表面
加工成形面用铣刀	成形铣刀,包括铲齿成形铣刀、尖齿成形铣刀、凸半圆铣刀、凹半圆铣刀、圆角铣刀	加工凸、凹半圆面和圆角以及各种成形表面

第四节　工件在铣床上装夹

铣床工作台面上有数条 T 形槽,用于安装工件或夹具。加工工件时,工件的装夹是根据工件的大小、批量的多少来决定的。对于大、中型工件,多采用螺栓、压板直接将其装夹在工作台面上,如图 3-5 所示。

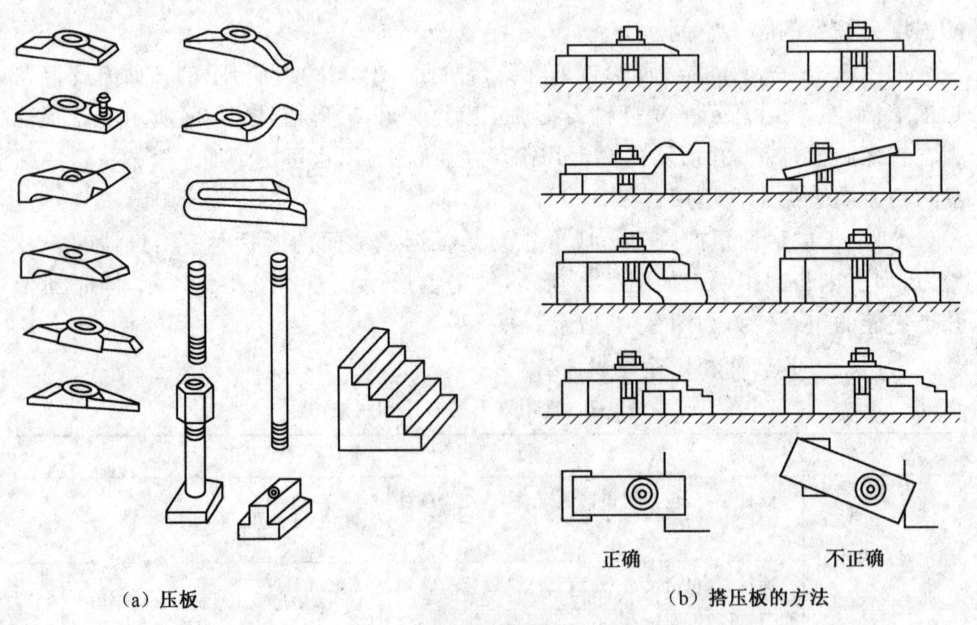

(a) 压板　　(b) 搭压板的方法

图 3-5　装夹元件及搭压方法

铣床上常用的夹具有平口钳、回转工作台、分度头等，使用时，先将它们用夹紧元件固定在工作台上才能夹持工件进行铣削加工。

一、平口钳装夹

平口钳适用于以平面定位和夹紧的中、小型工件。它的规格以钳口宽度为标准，有 100mm、125mm、130mm、160mm、200mm、250mm 几种。

常用的平口钳有固定式和回转式两种。回转式平口钳的结构形状如图 3-6 所示。回转式平口钳能够绕底座旋转 360°，可以在水平面内扳转任意角度，从而扩大了其工作范围。这种平口钳应用较广泛。

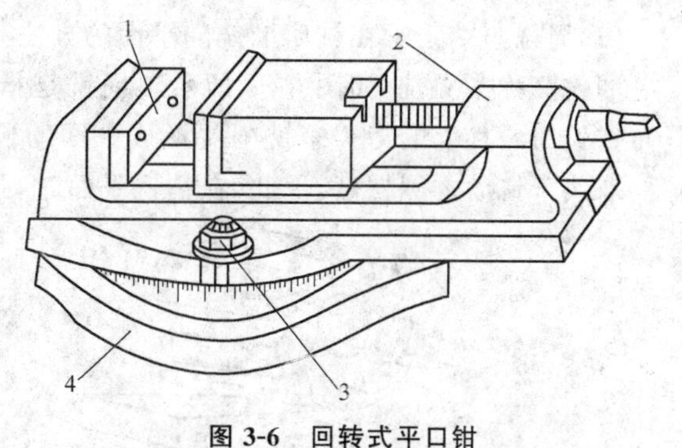

图 3-6　回转式平口钳

1. 钳口　2. 上钳座　3. 螺母　4. 下钳座

平口钳的底座上有一个定位键，它与工作台上中间的 T 形槽相配合，以提高平口钳安装的定位精度。用两个 T 形螺栓把平口钳固定在工作台上，多用于装夹矩形截面的中、小型工件，也可以装夹圆柱形工件，使用非常普遍。

二、回转工作台装夹

回转工作台能进行圆周进给运动和分度运动，主要辅助铣床完成中、小型工件的曲面加工和分度加工。回转工作台的结构形状如图3-7 所示。其内部有一套蜗杆蜗轮机构。摇动手轮，通过蜗杆轴带动蜗轮转动。蜗轮与转台连接，能一起转动。转台周围有刻度，用来确定转台的转动角度。拧紧固定螺钉，固定转台的位置。转台中央有一个孔，利用它确定工件的回转中心。当底座上的槽与铣床工作台上的 T 形槽对好后，即可利用螺栓把回转工作台固定在铣床工作台上。使用回转工作台装夹工件可以铣削工件上的圆弧表面、按一定角度铣削局部直线表面，还可以在工件上沿着圆周分度钻孔、铣削或刻线。

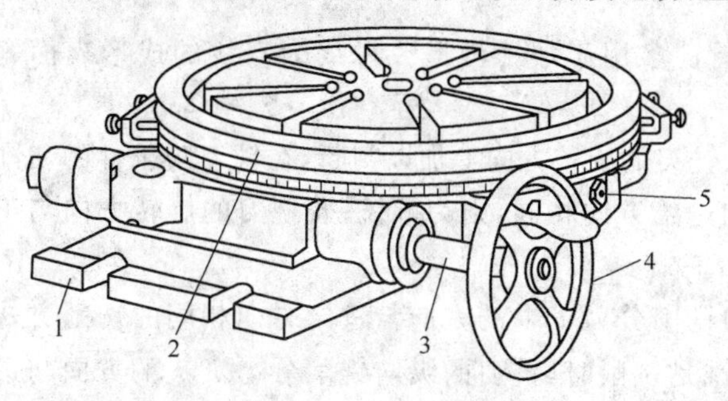

图 3-7　回转工作台

1. 底座　2. 转台　3. 蜗杆轴　4. 手轮　5. 固定螺钉

三、分度头

其结构原理和装夹工件的方法将在分度铣削中介绍。

第五节 常见铣削加工方法

一、合理选择铣削方式

(1)周铣与端铣 在铣床上铣削平面的方法一般有两种,即周铣和端铣。

周铣又称圆周铣,如图 3-8a 所示。周铣是指用圆柱铣刀加工平面,它是利用分布在铣刀圆柱上的刀刃来铣削并形成平面的。周铣时铣出平面的平面度好坏,主要取决于铣刀的圆柱度,因此,在精铣平面时,要保证铣刀的圆柱度。

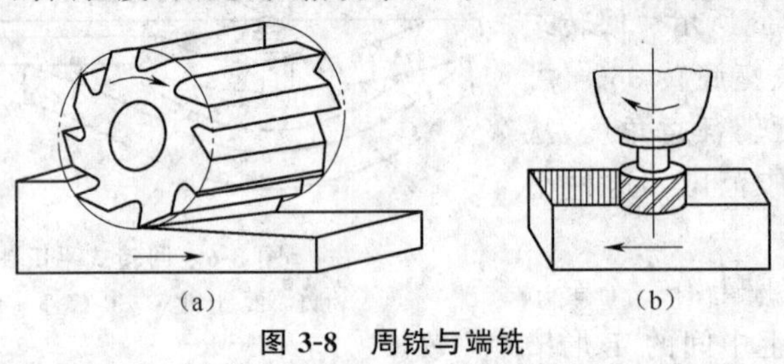

(a) (b)

图 3-8 周铣与端铣

(a)周铣 (b)端铣

端铣是指用端铣刀加工平面,是利用分布在铣刀端面上的刀尖来形成平面的,如图 3-8b 所示。端铣时,其平面度的好坏,主要取决于主轴轴线与进给方向的垂直度。若主轴与进给方向垂直,则刀尖的运动轨迹为圆环,工件的表面会铣出网状的刀纹。

端铣广泛应用于铣平面;周铣多用于加工沟槽或母线为直线的成形表面等场合。

(2)顺铣和逆铣 通常可从铣刀的旋转方向上加以判断:在铣刀与工件的切削处,若铣刀的旋转方向与工件的进给方向相同,则为顺铣;若铣刀的旋转方向与工件的进给方向相反,则为逆铣。

顺铣是铣削时,铣刀的纵向铣削分力 $F_{纵}$ 的方向与进给方向相同的铣削方式称为顺铣,如图 3-9a 所示。逆铣是铣削时,铣刀的纵向铣削分力 $F_{纵}$ 的方向与进给方向相反的铣削方式称为逆铣,如图 3-9b 所示。

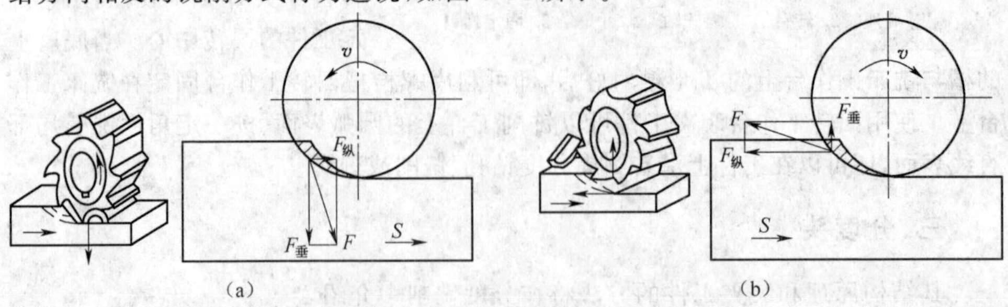

(a) (b)

图 3-9 顺铣和逆铣

顺铣和逆铣两种加工方式的主要特点比较如下：

①顺铣比逆铣刀具耐用度高。顺铣时，刀刃一开始就切入工件，切削由厚变薄，刀刃磨损小；而逆铣时，切削厚度从零逐渐增大，由于刀齿刃口圆弧半径的存在，刀刃在加工表面上挤压摩擦，滑行一小段距离后才能切入工件，加快了刀具磨损，并且加剧了表面硬化程度，影响进一步加工。所以，顺铣时刀刃比逆铣时的刀刃磨损小，铣刀耐用度高。

②顺铣比逆铣加工过程稳定。顺铣时，铣削垂直分力 $F_{垂}$ 的方向朝下，有压住工件的作用，对铣削有利。顺铣时，铣刀振动小，加工表面粗糙度小。逆铣时，铣削垂直分力 $F_{垂}$ 方向朝上，有把工件从夹具中拉出的作用，还容易产生周期性振动，影响加工表面的粗糙度。

③顺铣时工作台容易窜动。铣削时，工作台的纵向进给是由工作台下面的丝杠螺母传动的，丝杠螺母传动副中的螺母固定不动，一般情况下，两者总是存在一定的间隙。

顺铣有利于提高刀具的耐用度和工件装夹的稳固性，顺铣时无滑移造成的加工硬化现象，进给平稳，可望获得较高的表面质量。所以，精加工时，多采用顺铣。

逆铣多用于粗加工。采用无丝杠螺母间隙调整机构的铣床加工有硬皮的铸件、锻件毛坯或硬度较高的工件时，一般都采用逆铣。

二、铣削平面

在铣床上铣削平面方式既可周铣也可以端铣，顺铣多用于半精加工，逆铣多用于粗加工。

(1)铣削平面的方法

①平行面的铣削。用平口钳装夹工件铣削平行面(图 3-10)，其中与基准面垂直的定位表面和固定钳口面贴合，平行垫铁用来调整工件厚度。在立式铣床工作台上直接用压板装夹铣削平行面(图 3-11)。

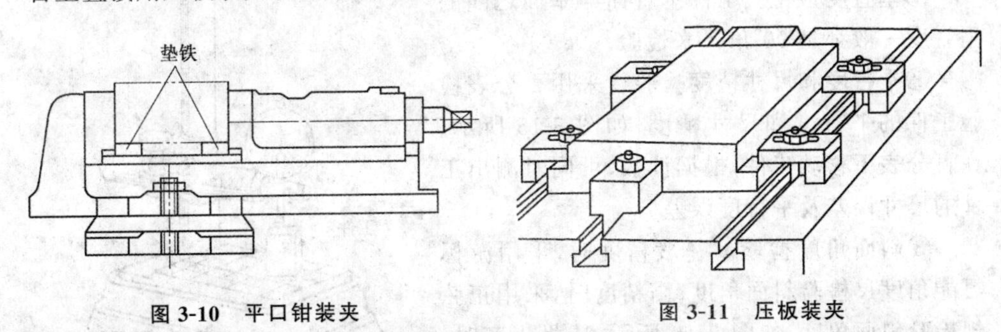

图 3-10　平口钳装夹　　　图 3-11　压板装夹

②垂直面的铣削。采用如图 3-10 所示的方法也可铣削垂直面，但此时基准面作为定位表面和固定钳口面贴合，并且通常在右边活动钳口面处安放一圆棒，使左边基准面紧密贴合。在立式铣床上用立铣刀铣削垂直面如图 3-12 所示。

③斜面的铣削。在铣床上铣削斜面通常采用工件倾斜铣削斜面、铣刀倾斜铣削斜面和用角度铣刀铣削斜面三种。成批或大批量生产时，则采用专用夹具装夹来铣削，这样既保证加工质量，又提高生产效率。如图 3-13 所示是利用万能分度头使用立铣刀来铣削斜面。如图 3-14 所示是利用面铣刀端面倾斜来铣削斜面。

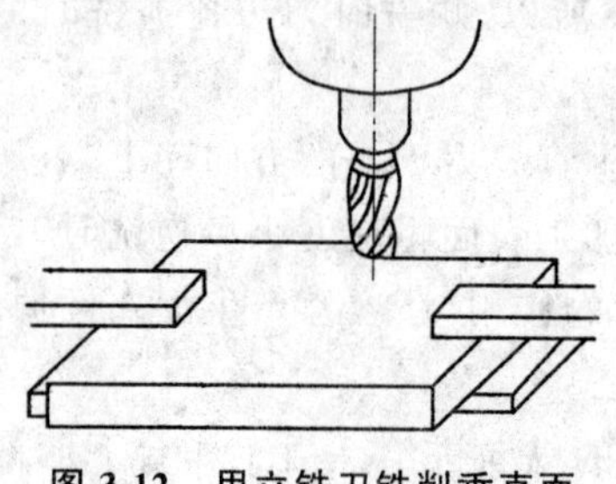

图 3-12　用立铣刀铣削垂直面

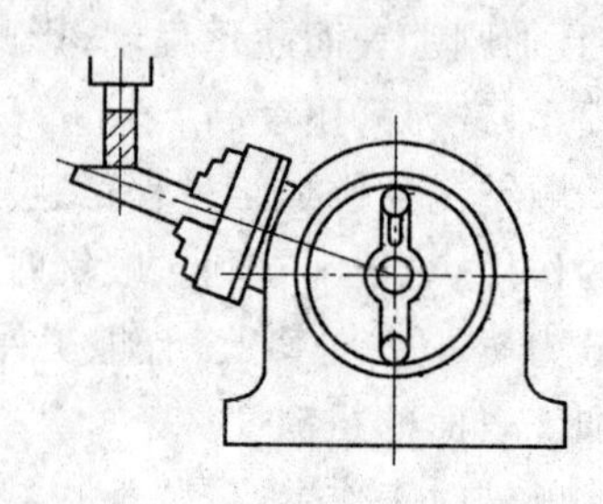

图 3-13　用万能分度头铣削斜面

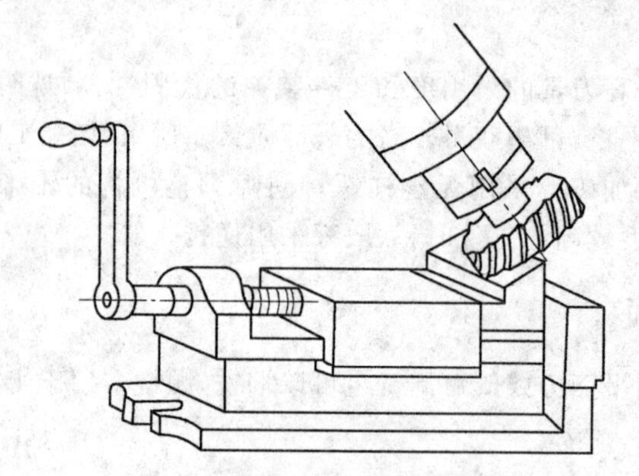

图 3-14　面铣刀端面倾斜铣削斜面

(2)平面工件的检验及质量分析

1)工件检验。

①垂直度检验。工件垂直面与基面之间的垂直度一般都是 90°角尺来检验。

②平行度和尺寸精度检验。采用百分表检验工件的平行度和尺寸精度，如图 3-15 所示。在百分表下移动工件，根据读数，可同时测出工件的尺寸误差及平行度误差。

③斜面角度检验。一般精度时，采用游标万能角度尺检验斜面角度；高精度时，采用正弦规检验斜面角度，如图 3-16 所示；成批生产时，可用角度样板检验斜面角度。

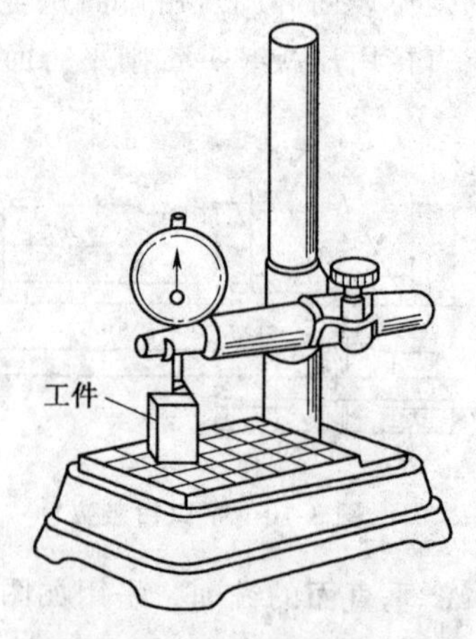

图 3-15　用百分表检验工件的平行度和尺寸精度

2)工件质量分析。平面的铣削质量与很多因素有关，主要涉及铣床、夹具和铣刀的性能，

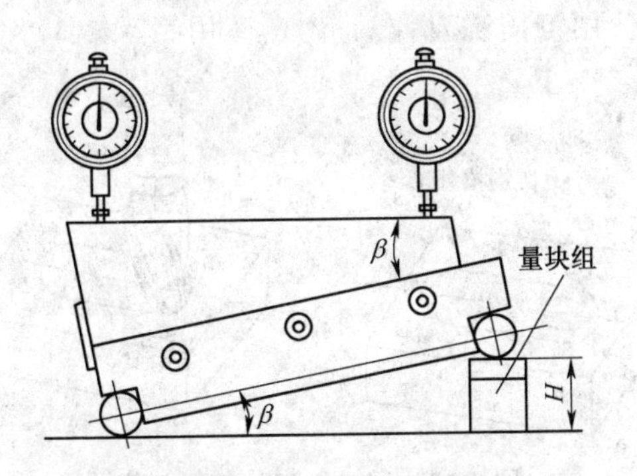

图 3-16 用正弦规检验斜面角度

选用的铣削用量以及切削液等。铣削平面的质量问题及原因分析见表 3-3。

表 3-3 铣削平面的质量问题及原因分析

质量问题	原因分析
表面粗糙度值大	铣刀刃口变钝
	铣削时有振动
	铣削时进给量太大,铣削余量太大
	铣刀几何参数选择不当
	铣削时有拖刀现象
	切削液选用不当
	铣削时有积屑瘤产生,或切屑有粘刀现象
	在铣削过程中进给停顿而产生“深啃”现象
平面度超差	周铣时,铣刀的圆柱度差
	端铣时,铣床主轴轴线与进给方向不垂直
	铣床工作台进给运动的直线性差
	铣床主轴轴承的径向和轴向间歇大,工件在夹紧力和铣削力的作用下产生变形
	工件由于存在应力,使表层切除后产生变形
	由于铣削热产生的变形
	由于接刀而产生接刀痕

三、铣削沟槽

(1)直槽和轴上键槽的铣削 直槽有通槽、半通槽和封闭槽之分。通槽视宽度、深度不同,可分别选用三面刃铣刀、锯片铣刀和立铣刀加工。半通槽和封闭槽可用立铣刀加工,立铣刀的直径应等于或小于沟槽的宽度。当用立铣刀加工封闭槽时,应预钻一个小于槽宽的落刀孔,如图 3-17 所示。加工铣削精度要求较高的半通槽的封闭槽，应使用键槽铣刀。

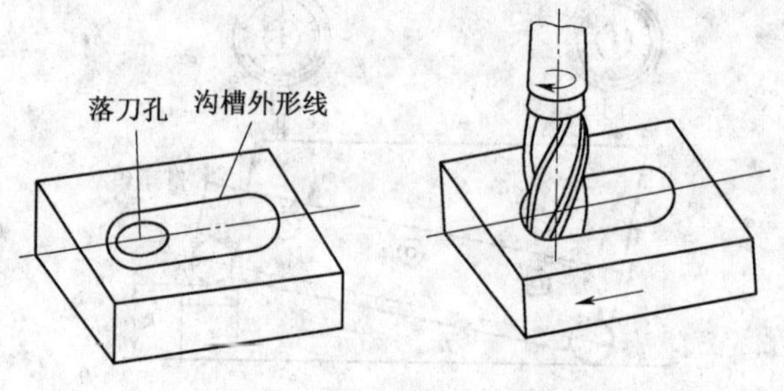

图 3-17 用立铣刀加工封闭槽

轴上键槽中，通槽和槽底为圆弧的半通槽，一般采用盘形槽铣刀，铣刀厚度等于槽宽。铣削圆弧半通槽的铣刀半径等于槽底圆弧半径。铣削轴上封闭槽或槽底一端为直径的半通槽，应选用键槽铣刀，其直径等于槽宽。

(2)T 形槽的铣削 通常先在立式铣床上用立铣刀，或在卧式铣床上用三面刃铣刀将直槽加工出来，如图 3-18a 所示；然后在立式铣床上安装 T 形槽铣刀铣削出 T 形槽，如图 3-18b 所示；最后用角度铣刀在槽口倒角，如图 3-18c 所示。这里应根据 T 形槽的尺寸选择对应规格的 T 形槽铣刀。T 形槽铣刀加工时由于排屑困难、颈部较细等原因容易折断，因此须选用较小的切削用量。

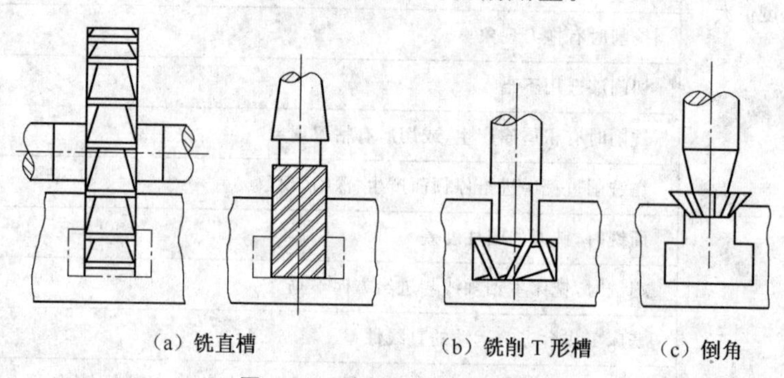

(a) 铣直槽　(b) 铣削 T 形槽　(c) 倒角

图 3-18 铣削 T 形槽的步骤

(3)V 形槽的铣削 V 形槽一般都采用与其角度相同的对称双角度铣刀加工（中间窄槽已加工），如图 3-19 所示。对于尺寸较大、夹角大于或等于 90°的 V 形槽，可在立式铣床上加工。先用短刀轴安装锯片铣刀铣削出中间窄槽，然后调整立铣头的角度，安装立铣刀先铣出一个 V 形面，再将工件松开旋转 180°，铣削出另一个 V 形面，如图 3-20 所示。

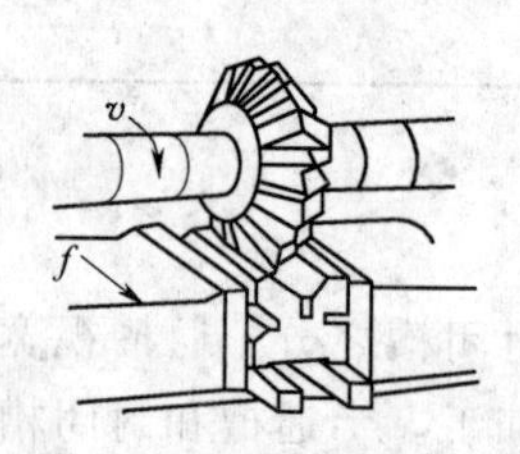

图 3-19 对称双角度铣刀铣槽

(4)铣槽时的对刀 沟槽因其形状和位置精度方面的要求，铣削前，必须将刀具对准中心。这里以轴上键槽的铣削为例加以说明。以图 3-21 所示为在立铣床上用平口钳、键槽铣刀铣削键槽为例说明对刀步骤。

首先转动松开平口钳工作台的锁紧螺母，使刻度对准 0 度或 90 度，使平口钳的固定钳口面与铣床主轴轴线平行。然后将工件夹持在平口钳上，分别用百分表测量工件两端最高点的读数，若两次读数相等，说明工件的母线已与工作台平行，这样，就保证了主轴线与工件母线垂直了。最后，用游标卡尺测量对中心，使铣刀回转中心线通过工件轴心线。

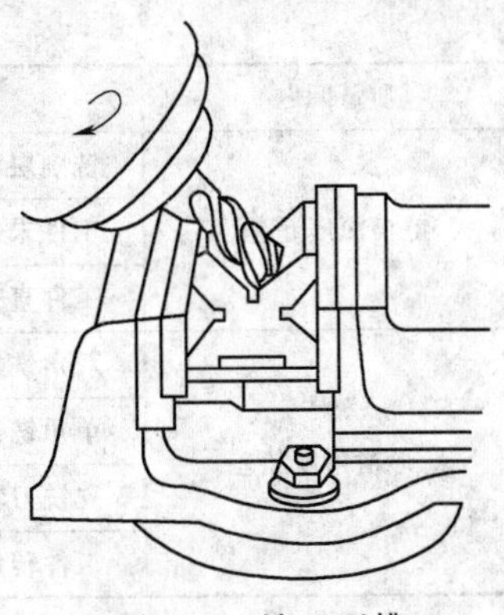

图 3-20　铣 V 形槽

用游标卡尺测量对中心如图 3-21b 所示。装夹并找正工件后，用钻夹头夹持与铣刀直径相同的圆棒，用游标卡尺测量圆棒圆周边与两钳口间的距离，若 $a=a'$，则表示对好了中心。

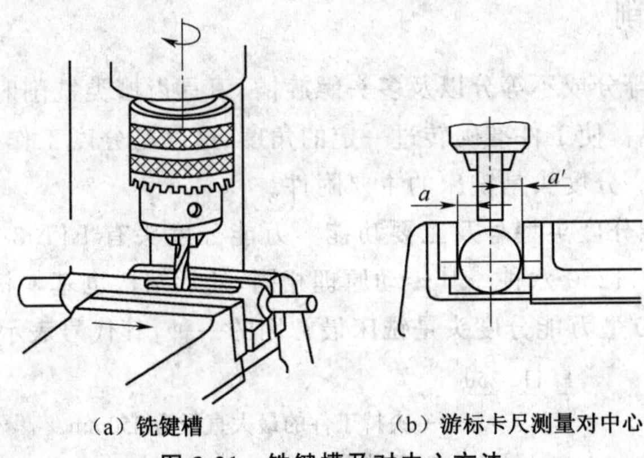

(a) 铣键槽　(b) 游标卡尺测量对中心

图 3-21　铣键槽及对中心方法

(5)沟槽工件的检验及质量分析　一般情况下，沟槽的形状可用相应的整体样板检验，还可使用塞规或塞块检验沟槽宽度，用游标卡尺、千分尺、深度尺检验沟槽其他尺寸，用百分表检测沟槽相对工件轴心线的对称度，用游标万能角度尺检验沟槽的角度。沟槽的铣削质量问题及原因分析见表 3-4。

表 3-4　沟槽的铣削质量问题及原因分析

质量问题	原因分析
键槽宽度尺寸超差	铣刀宽度或直径未选对
	三面刃铣刀端面圆跳动过大
	铣刀磨损
键槽对称度超差	对刀不准
	铣削时产生让刀
	工作台横向未紧固
槽侧偏斜	固定钳口与进给方向不平行
键槽底与轴线不平行	工件圆柱面上素线与工作台面不平行
	垫铁不平行

续表 3-4

质量问题	原因分析
键槽深度超差	铣削层深度调整有误
	工件未夹紧，铣削时工件被拉起
	工件直径不准确
V形槽角度超差	双角铣刀的角度不对
	单角铣刀的角度不对
	立铣刀转角不对
	工件转角不对

四、分度铣削

当将工件做等分或不等分以及多头螺旋槽、刀具齿槽类铣削时，都需要在每铣完一个面或槽形后，使工件准确转过一定的角度，这就是分度工作。分度工作通常利用分度头进行。分度头是铣床的主要附件。

(1)常用万能分度头型号及主要功能　万能分度头有 F1163、F1180、F11100、F1125、F11200、F11250 六种。其传动原理相同，外形结构也基本相同。

例如，F11250 型万能分度头是铣床最常用的一种，其代号表示方法如下。

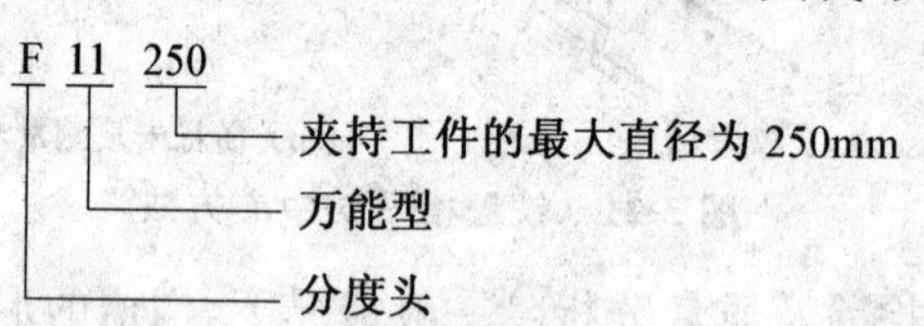

F11250 型万能分度头的主要功能有：能够将工件作任意的圆周等分或直线移距分度；可把工件轴线装置成水平、垂直或倾斜的位置；通过交换齿轮，可使分度头主轴随纵向工作台的进给运动作连续旋转，以铣削螺旋面和等速凸轮的成形面。

(2)分度头的结构和传动系统　F11250 的外形结构如图 3-22 所示。分度头主

图 3-22　F11250 分度头的结构

1. 基座　2. 分度盘　3. 分度叉　4. 挂轮轴　5. 蜗杆脱落手柄　6. 主轴锁紧手柄　7. 回转体　8. 主轴　9. 刻度环　10. 分度盘锁紧螺钉　11. 分度手柄　12. 锁紧螺母　13. 定位销

轴为空心轴，两端均为莫氏 4 号锥孔。前锥孔用来安装带有拨盘的顶尖；后锥孔可安装心轴，作为差动分度或作直线移距分度时安装交换挂轮用。主轴前端的外锥体用于安装卡盘或拨盘，前端的刻度环可在分度手柄转动时随主轴一起旋转，环上有 0°～360°的刻度值，用以直接分度。

F11250 分度头传动系统如图 3-23 所示。分度时，从分度盘的定位孔中拔出定位销，转动分度手柄，通过传动比为 1 的直齿圆柱齿轮以及 1∶40 的蜗轮蜗杆副传动，使主轴带动工件转动。此外，在分度头内还在一对传动比为 1 的螺旋齿轮，与空套于手柄轴上的分度盘相连，用来将挂轮轴的运动传递给分度盘。

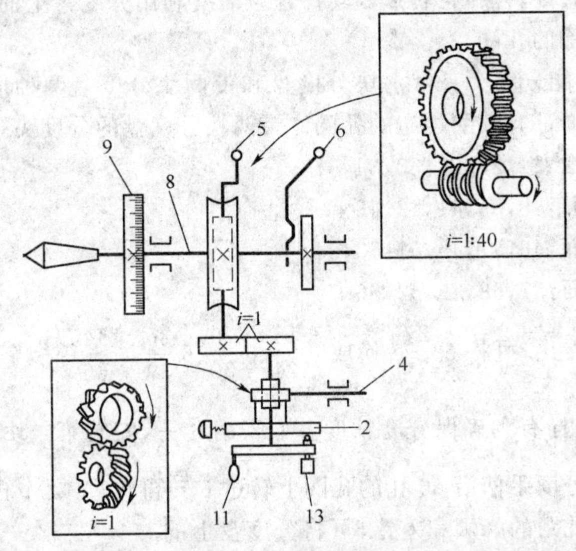

图 3-23　F11250 分度头传动系统(各数字表示部件名称同图 3-22)

(3)分度方法　利用分度头可采用直接分度、简单分度、角度分度、差动分度和直线移距分度等多种分度方法，这里结合实例介绍直接分度、简单分度、角度分度三种方法。

①直接分度法。利用主轴前端刻度环，转动分度手柄，使基线对准某一角度刻度线，进行任意角度数的分度。此法分度方便，但分度精度较低。

②简单分度法。从万能分度头传动系统可知，分度手柄转过 40 转，主轴转 1 转，即传动比为 1∶40，分度头的定数为"40"。如果要把工件圆周作两等分，也就是要主轴转 1/2 转，为此，分度手柄应转 20 转。所以，分度手柄的转数 n 和工件等分数 z 的关系如下：

$$1:40=\frac{1}{z}:n$$

$$n=\frac{40}{z}$$

用简单分度法分度时，应先将分度盘固定，通过手柄的转动，使蜗杆带动蜗轮旋转，从而带动主轴和工件转过一定的度数。

【例 3.2】 在 F11250 分度头上铣削一个八边形工件，试求每铣削一边后分度手柄的转数。

$z=8$，则 $n=\frac{40}{z}=\frac{40}{8}=5$，即每铣削完一边，分度手柄应转过 5 转。

【例 3.3】 铣一六角螺栓头，试求每铣削一面后分度手柄应转过的转数。

$$n=\frac{40}{z}=\frac{40}{6}=6\ \frac{2}{3}$$

即分度手柄转 6 转后，再转 2/3 转。这就需要利用分度盘上的孔圈了，选择一个孔数能被 3 整除的孔圈。

F11250 型万能分度头有带一块分度盘和带两块分度盘两种形式。其孔圈数相同，并且正、反面都有数圈均布的孔圈。带两块分度盘的分度头孔圈数如下。

第一块　正面:24,25,28,30,34,37

　　　　反面:38,39,41,42,43

第二块　正面:46,47,49,51,53,54

　　　　反面:57,58,59,62,66

从以上孔数看出，可将 $6\ \frac{2}{3}$转换成 $6\ \frac{16}{24}$、$6\ \frac{20}{30}$、$6\ \frac{26}{39}$、$6\ \frac{44}{66}$等多个同值带分数，一般宜选大数值，这样有利确保分度精度。如采用 $6\ \frac{44}{66}$，安装第二块分度盘，利用反面的 66 孔圈，使分度手柄沿 66 孔的孔圈上转过 6 转再转过 44 个孔距即可。

为了避免数孔距的麻烦和差错，可将分度盘上的分度叉按孔距离调节两叉的夹角(图 3-24)，并固定压紧螺钉。每次分度时，只要转动一个分度叉，就能保证转过的孔距准确无误。

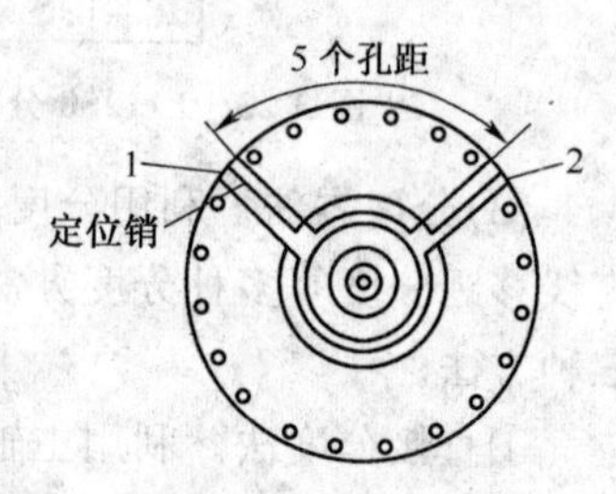

图 3-24　分度叉应用

③角度分度法。角度分度法是简单分度法的另一种变化应用。从分度头的结构可知，分度手柄转 40 转，分度头主轴带动工件随之转 1 转，也就是转了 360°。所以，分度手柄转 1 转，工件只转过 9°，根据这一关系，可得出下列计算公式

$$n=\frac{\theta}{9^\circ}$$

式中　n ——分度手柄转数；

　　θ——工件所转角度，单位为°。

例如，要在轴上铣两条互成 116°的槽，则分度手柄转数为：

$$n=\frac{\theta}{9^\circ}=\frac{116^\circ}{9^\circ}=12\ \frac{8}{9}=12\ \frac{48}{54}(\text{转})$$

即可取用第二块分度盘孔眼数为 54 的孔圈，在手柄转过 12 转后，再转过 48 个孔距（分度叉间 48 个孔距）。

五、铣床的安全使用和日常维护

铣床的安全使用与维护注意事项如下：

①如果发现铣床有异常现象，应立即停机检查。

②工作台、导轨面上不准乱放工具或杂物，工件毛坯直接装夹在工作台上时应使用垫片。

③工作前应先检查各手柄是否放在规定位置，然后开空车数分钟，观看机床是否正常运转。

④工作完毕，应将机床擦拭干净并注润滑油，整理场地，切断电源，认真填写交接班记录簿，办理交班手续。

第四章　刨削加工

刨削是利用刨刀相对于工件的往复直线运动而进行切削加工的工艺。

刨削主要操作者为刨插工。

第一节　刨　　床

刨床有牛头刨床和龙门刨两类，两者加工原理相同，但结构差异较大。前者主要用于刨削中、小型工件；后者多用于大型工件（如设备基础件）的加工。

一、牛头刨床

如图4-1所示为B6065型牛头刨床的结构及运动示意图。型号中"B"表示刨床类；"6"表示牛头刨床组；"0"表示牛头刨床系；"65"表示最大刨削长度为650mm。

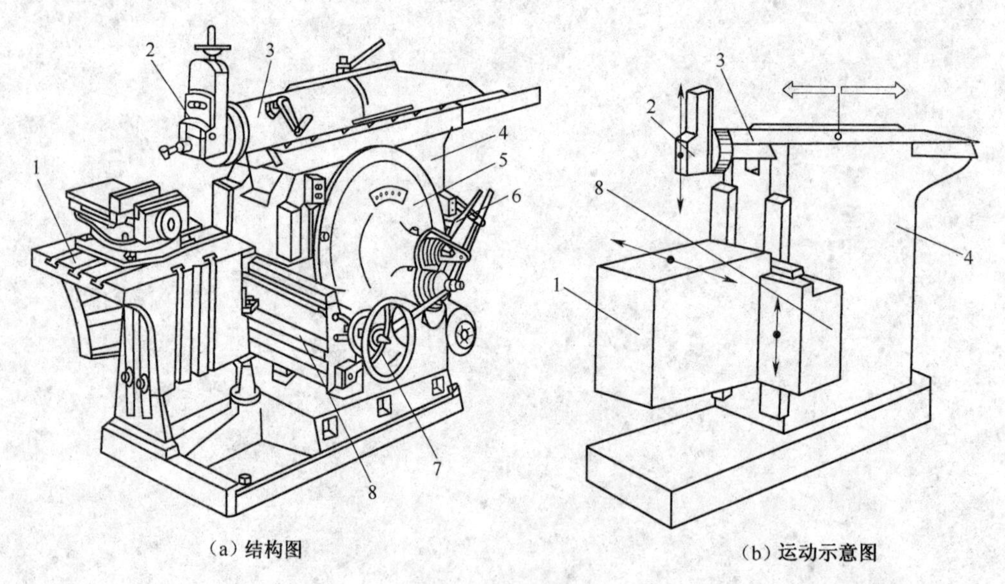

图4-1　牛头刨床

1. 工作台　2. 刀架　3. 滑枕　4. 床身　5. 摆杆机构　6. 变速机构　7. 进给机构　8. 横梁

(1)牛头刨的组成

①床身。床身用来支承刨床的各个部件。顶面有水平导轨，滑枕连同刀架可沿此导轨作往复运动。床身的前侧面有垂直导轨，横梁连同工作台沿此升降。

②滑枕。滑枕用来带动刨刀作直线往复运动，其前端有刀架。

③刀架。刀架用来装夹刨刀和使刨刀沿所需方向移动。其具体结构如图 4-2 所示。摇动刀架手柄，滑板便会沿转盘上的导轨移动，使刨刀作垂直间歇进给运动或调整吃刀量。松开刀架转盘上的螺母，将刀偏转所需角度，可使刀架作斜向间歇进给运动。刀架上还有抬刀板，在刨刀回程开始前，将刨刀抬起，以免擦伤工件表面和减小刀具磨损。

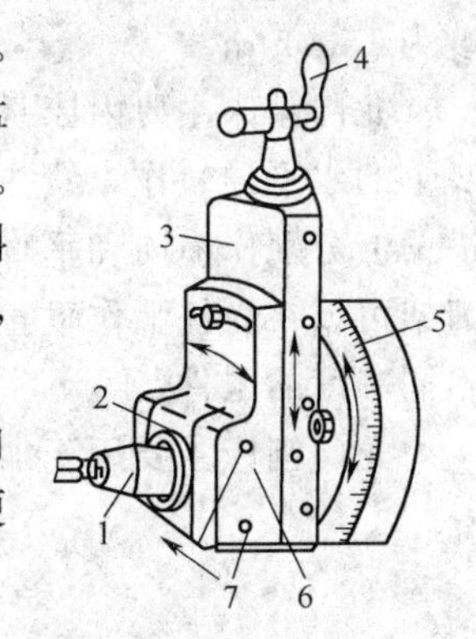

图 4-2　牛头刨床刀架

1. 刀夹　2. 抬刀板　3. 滑板　4. 刀架手柄　5. 转盘　6. 转销　7. 刀座

④工作台。工作台用来安装工件。它可沿横梁横向移动，用来作横向进给运动；并可随横梁一起升降，以便调整工件位置。

(2)牛头刨刨削运动

①主运动。刨刀在滑枕带动下的往复直线运动。

②进给运动。工作台的横向进给是在滑枕每一次往复运动结束后及下一次工作行程开始前的间歇中完成的，可自动，也可手动。垂直进给或斜向进给则需手动，转动刀架手柄使刀架作间歇直线移动来完成。

二、龙门刨床

如图 4-3 所示为 BM2015 型龙门刨床的结构。其型号中“B”表示刨床类；“M”

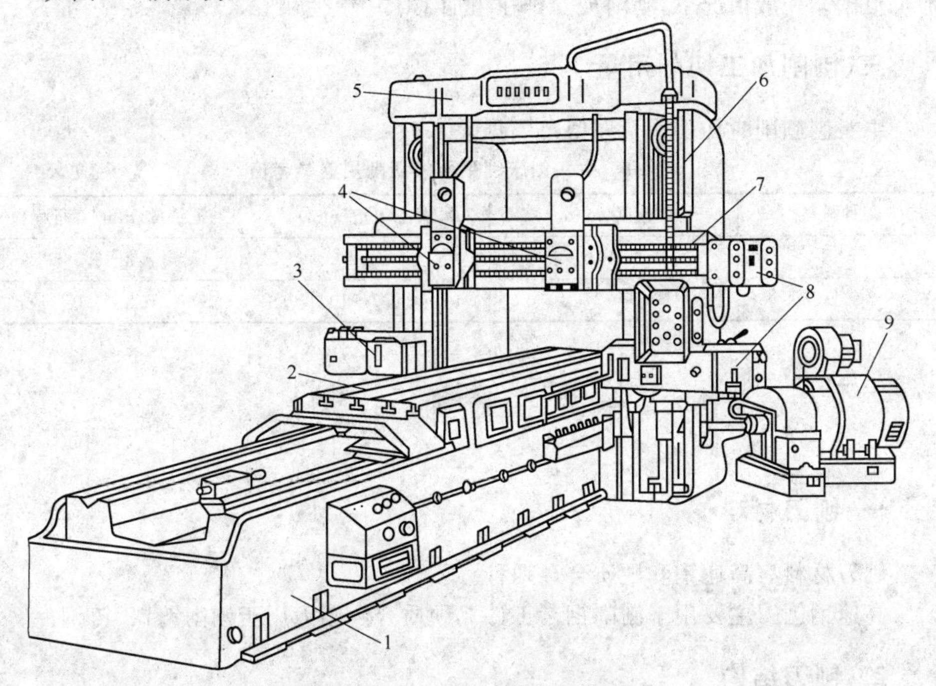

图 4-3　BM2015 型龙门刨床外观图

1. 床身　2. 工作台　3. 侧刀架　4. 垂直刀架　5. 顶梁　6. 立柱　7. 横梁　8. 进给箱　9. 电动机

表示"精磨"特性;"2"表示龙门刨床组;"0"表示龙门刨床系;"15"表示最大刨削长度为1500mm。

龙门刨床主要由床身、工作台、立柱、横梁、进给箱和刀架组成。工作台可沿床身上的水平导轨作直线往复运动,这是龙门刨床工作的主运动;两个垂直刀架可在横梁上分别作横向和垂直进给运动,还可以转动一定角度以实现斜向进给;两个侧刀架可以在立柱上作垂直和水平进给运动;横梁能在两个立柱上垂直升降,以加工不同高度的工件。

龙门刨床主要用于加工大型工件,也可用于中、小型工件的多件同时加工。

第二节 刨削加工适应性

一、刨削加工适用范围

牛头刨主要适宜加工中、小型工件上平面、沟槽。大型龙门刨通常用于加工机床床身、机座、导轨等大型铸件。

二、刨削加工精度

刨削加工精度在IT7～IT9,表面粗糙度 Ra 12.5～3.2μm,属于精加工和半精加工范围。一般情况下,刨削被安排在粗加工工序上使用。

三、刨削加工切削用量

牛头刨刨削时切削用量取值范围见表4-1。

表4-1 牛头刨床刨平面的切削用量参考值

工件材料	切削速度(m/min)	背吃刀量(mm)	进给量(mm/双行程)
碳钢	20～40	1～8	0.3～3.5
铸铁	15～34	0.7～10	0.8～4.0

第三节 刨刀

一、刨刀材料

刨刀材料有高速钢和硬质合金两种。

高速钢刨刀主要用于刨削钢制工件。硬质合金刨刀用于刨削铸铁、铸钢件。

二、刨刀结构

常用刨刀可分为尖刃刨刀和宽刃刨刀,如图4-4所示。尖刃刨刀刀头部分与车刀相似，一般用于表面的粗加工；而宽刃刨刀切削刃较长，可获得较高的精度和表面质量，一般用于表面的精加工，常在零件修配中代替刮削。由于刨刀在切入工件时，受较大的冲击力，故刀杆截面积一般比较大。为使刨刀在受力弯曲时，刀尖能离开加工表面，避免扎刀造成工件报废，刨刀常制成如图 4-4 所示的弯头形式。安装刨刀时，必须将其装正、夹紧，且刀头伸出部分应尽可能短些。

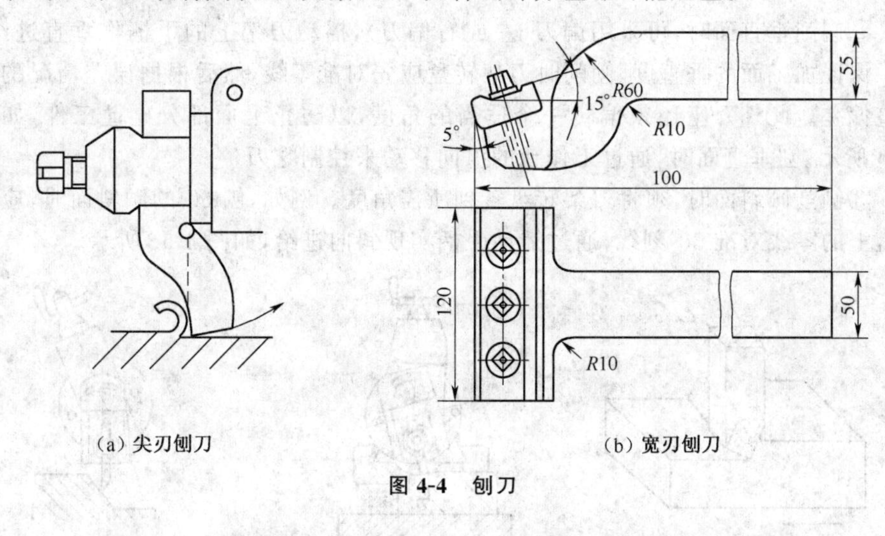

(a) 尖刃刨刀　(b) 宽刃刨刀

图 4-4　刨刀

第四节　常见刨削加工方法

一、工件的装夹

加工时应根据工件的形状和尺寸来选择装夹方法。

①较小的且形状规则的工件可用固定在工作台上的平口钳装夹，如图 4-5a 所示。

②较大的工件则用压板、螺栓及挡块直接装夹在工作台上，如图 4-5b 所示。

③用专用夹具装夹，适用于大批量生产。

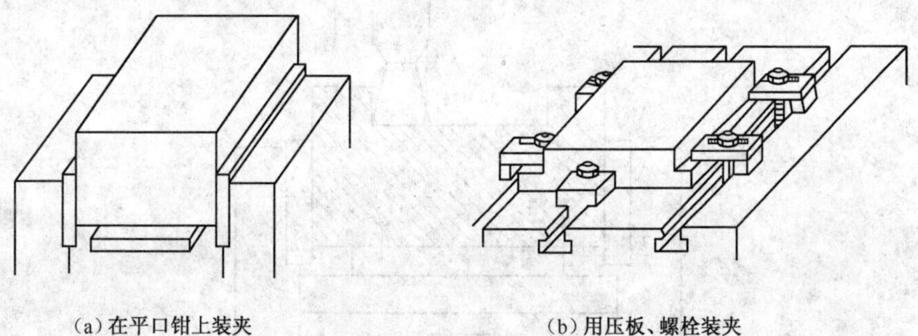

(a) 在平口钳上装夹　(b) 用压板、螺栓装夹

图 4-5　工件装夹方法

二、刨削平面

①刨削水平面时,一般采用两侧刀刃对称的尖刃刨刀,以便双向进给,减少刀具磨损,节约工时。进给运动由工件横向移动完成,切削深度通过调整刀架来控制,如图 4-6a 所示。

②刨削垂直面时,可采用偏刀(左或右偏刀),摇动刀架上的手柄作垂直进给。为了保证加工面的垂直度,刨削时刀架转盘应先对准零线,然后根据误差情况酌情调整偏差。此外刀座还须偏转一个适当的角度,以防止上面部分碰撞工件,如图 4-6b 所示。刨垂直面时,通过工作台的纵向移动来控制吃刀量。

③刨削倾斜面时,须将刀架转盘转到所需角度。例如,刨 60°的倾斜面时,应使转盘上的零线对准 30°刻线,通过摇动手柄实现斜向进给,如图 4-6c 所示。

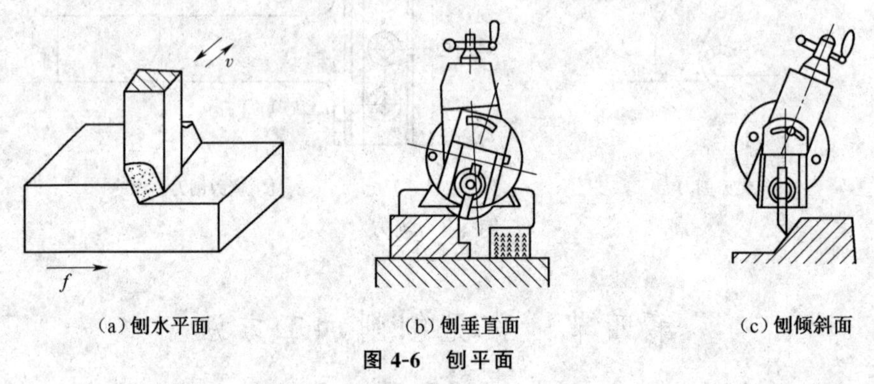

(a) 刨水平面　(b) 刨垂直面　(c) 刨倾斜面

图 4-6 刨平面

三、刨削沟槽

①刨削直槽时,如果沟槽不宽,则可用宽度相当的直槽刀直接刨到所需宽度。如果沟槽较宽,则可移动工作台,分几次刨削将宽槽刨出。为了保证槽底平整,槽底面需留有余量,单独安排一次刨削加工。刨直槽时的垂直进给由刀架的移动来完成,如图 4-7 所示。

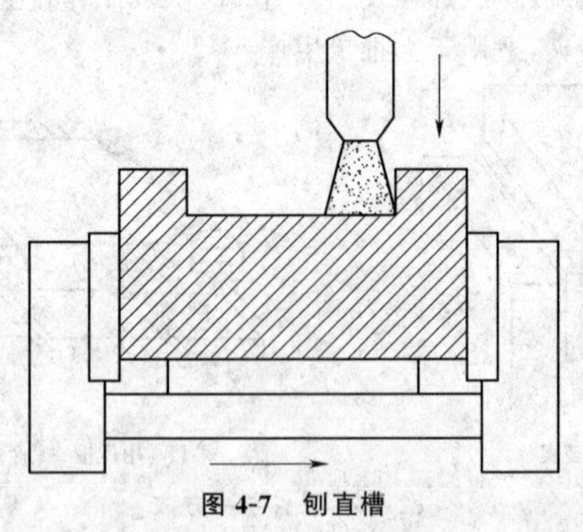

图 4-7 刨直槽

②刨削 V 形槽时，应先在工件上划出 V 形槽的加工参照线，用直槽刀先刨底部的直槽，然后换上偏刀，并倾斜刀架，偏转刀座，接着用刨斜面的方法分别刨出两侧面，如图 4-8 所示。

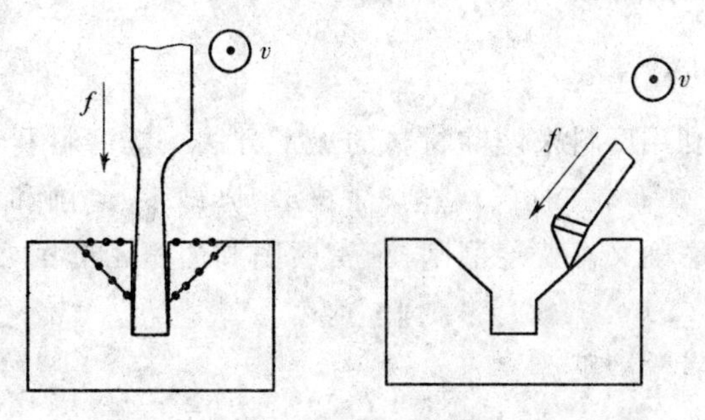

图 4-8　刨 V 形槽

③刨削燕尾槽也采用左、右偏刀来进行。根据加工参照线，先刨直槽，然后用左、右偏刀分别加工左、右侧，如图 4-9 所示。加工过程中粗、精加工应分开。

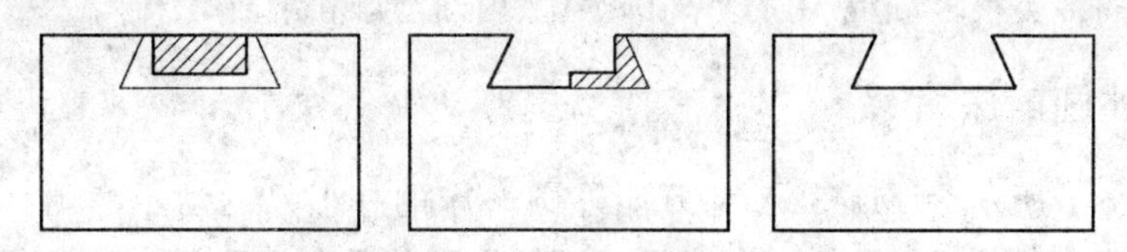

图 4-9　刨燕尾槽

④刨削 T 形槽需用直槽刀，左、右弯切刀和倒角刀。先根据参照线，用直槽刀刨出直槽，再用左、右弯切刀刨出两侧横槽，最后用 $\kappa_r=45°$ 的尖头刀倒角，如图 4-10 所示。

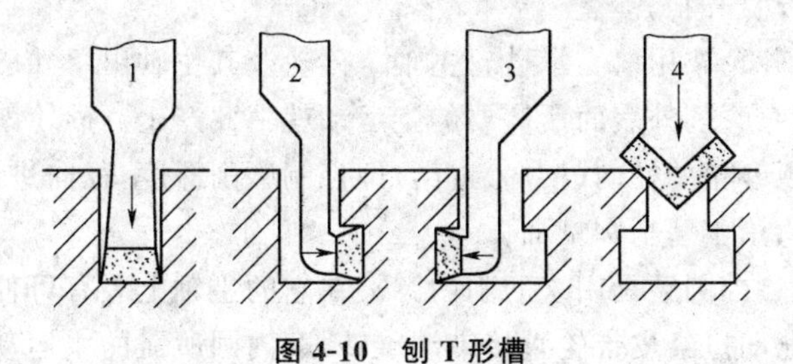

图 4-10　刨 T 形槽

第五章 磨削加工

磨削加工是指利用磨料来切除材料的加工方法。按磨料利用方式的不同，磨削可分为固结磨具（如砂轮、油石）磨削、涂覆磨具（砂带）磨削和游离磨粒磨削（如研磨、抛光）三类。磨削又有普通磨削、精密磨削和超精密磨削之分。本章主要介绍普通磨削加工。

磨削主要操作者为磨工。

第一节 磨 床

磨床的种类很多，最常用的是外圆磨床、内圆磨床和平面磨床。

一、外圆磨床

如图 5-1 所示为 M1432A 型万能外圆磨床的外形及运动示意图。型号中，“M”表示磨床类；“1”表示外圆磨床组；“4”表示万能系；“32”表示最大磨削直径为 320mm；“A”表示经过一次重大改进。

(1)磨床的组成

①床身。床身用以支承其他部件，它上面有纵向导轨和横向导轨，分别为工作台及砂轮架的移动导向。

②砂轮架。砂轮架用以支承砂轮主轴。砂轮及其主轴由单独的电动机经皮带轮直接带动旋转。磨削外表面所需要的主运动就由此产生。砂轮架沿床身横向导轨移动时，可实现砂轮的径向（横向）进给，即控制磨削深度，径向进给可手动调节。砂轮架可以倾斜，用于磨削圆锥面。

③内圆磨具。内圆磨具用来磨削内圆。在它的主轴上装有可伸入工件孔内的砂轮，由另一个电动机经皮带轮直接带动旋转，磨内圆所需的主运动由此产生。内圆磨具用铰链装在砂轮架的前侧，不用时可翻转到砂轮架的上方，使用时再翻下。

④头架。头架上有主轴，工件就安装在主轴的卡盘上或用顶尖支承。主轴由头架上的电动机通过皮带轮及头架内的变速机构带动旋转。工件的圆周进给运动便由此产生。头架也可以倾斜，用于磨削圆锥面。

⑤工作台。工作台由上工作台和下工作台组成。上工作台用以安装头架和尾架，下工作台连同上工作台一起沿床身纵向导轨移动，工件的轴向（纵向）进给运动由此产生。

上工作台可绕下工作台的中心回转一个角度（顺时针方向为 3°，逆时针方向为

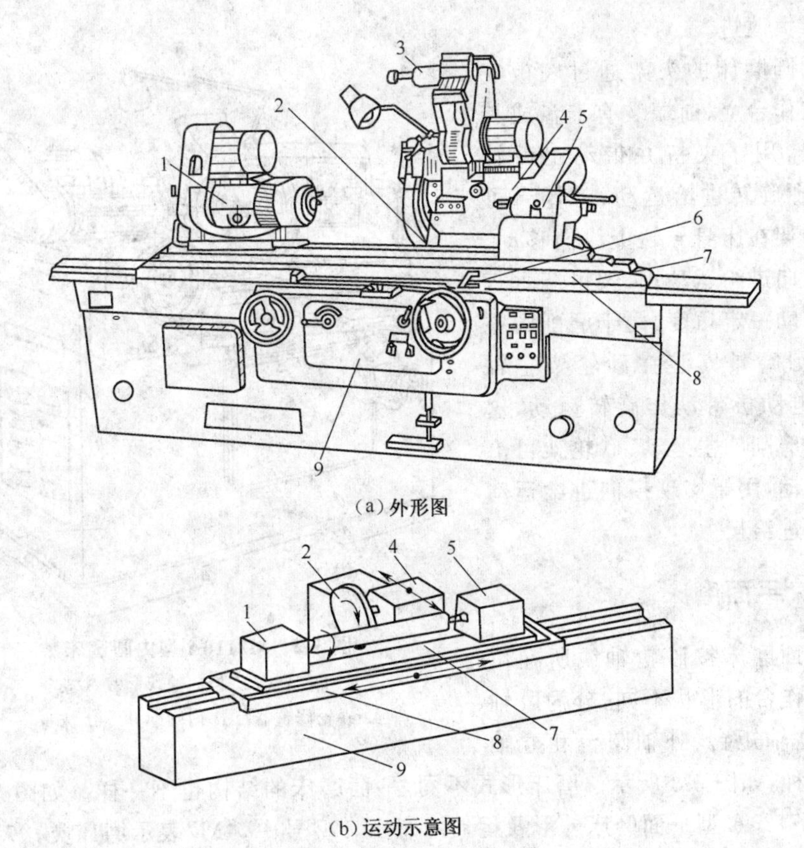

(a)外形图

(b)运动示意图

图 5-1　M1432A 型万能外圆磨床

1. 头架　2. 砂轮　3. 内圆磨具　4. 砂轮架　5. 尾架
6. 换向撞块　7. 上工作台　8. 下工作台　9. 床身

9°)，以便磨削圆锥面。如果磨圆柱面时产生锥度，也可以通过对上工作台的校正来予以消除。

(2)磨床运动　M1432A 型万能外圆磨床所具备的切削运动如下。

①主运动：磨外表面时为砂轮的旋转运动。磨内表面时为内圆磨具上的砂轮的旋转运动。

②进给运动：工件的圆周进给运动，如头架上的旋转运动；工作台的纵向进给运动，如工件沿纵向的往复运动；砂轮架的横向进给运动，每当工作台的一个行程完毕，砂轮架横向进给一次，所以磨削时的横向进给运动是间歇运动。这一进给运动控制的是磨削深度。

二、内圆磨床

如图 5-2 所示为 M2110A 型普通内圆磨床。型号中“M”表示磨床类；“2”表示内圆磨床组；“1”表示内圆磨床系；“10”表示最大磨削孔径为 100mm；“A”表示经过一次重大改进。

内圆磨床的头架通过底板安装在工作台上，前端装有卡盘或其他夹具，用于夹持并带动工件转动，实现旋转进给运动；工作台可带动刀架在床身导轨上纵向移动，实现纵向进给运动；头架可绕垂直轴线转动一定角度，用于磨削圆锥孔；内圆磨具安装在砂轮架主轴上，由电动机带动作旋转运动，这是内圆磨削的主运动；砂轮架可沿横向移动，用于实现横向进给运动或调节进给量。

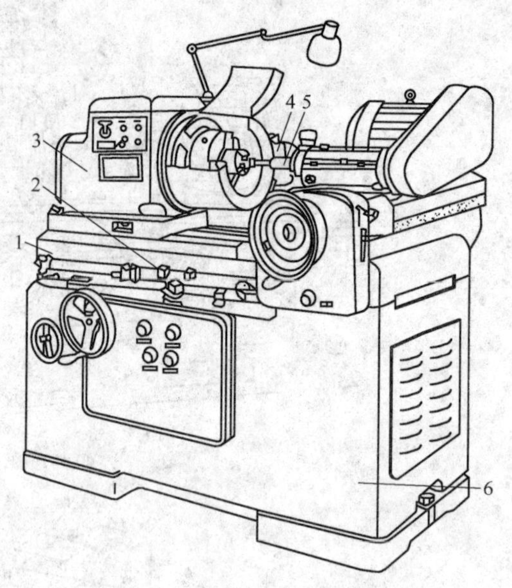

图 5-2 M2110A 型内圆磨床

1. 工作台 2. 换向撞块 3. 头架
4. 砂轮修整器 5. 内圆磨具 6. 床身

三、平面磨床

平面磨床按砂轮轴线所在位置和工作台的形状不同，分为卧轴矩台、立轴矩台、卧轴圆台和立轴圆台四种，如图 5-3 所示。磨床形式不同，平面磨床的结构也不一样。如图 5-4 所示为 M7120A 型平面磨床外形及运动示意图。型号中，“M”表示磨床类，“7”表示平面磨床组；“1”表示卧轴矩台系；“20”表示工作台面宽度为 200mm；“A”表示经过一次重大改进。

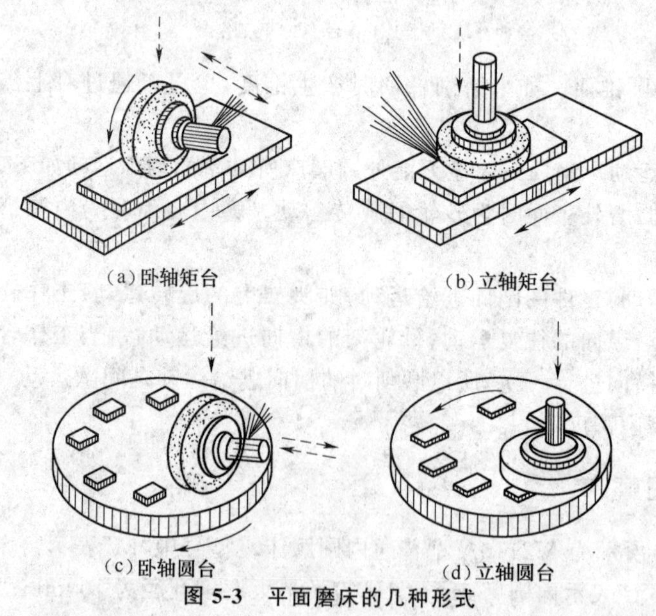

图 5-3 平面磨床的几种形式

(1)磨床的组成　M7120A 型平面磨床是一种卧轴矩台平面磨床。它由床身、工作台、立柱、磨头和砂轮修整器等主要部件组成,如图 5-4 所示。

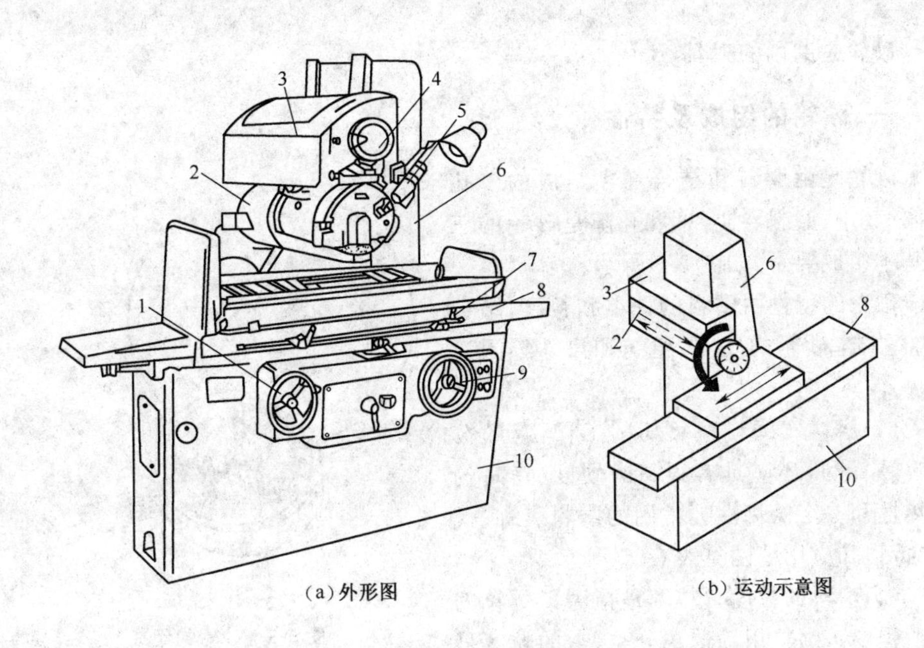

图 5-4　M7120A 型平面磨床

1. 手轮　2. 磨头　3. 滑鞍　4. 横向手轮　5. 砂轮修整器
6. 立柱　7. 撞块　8. 工作台　9. 升降手轮　10. 床身

长方形的工作台装在床身的水平纵向导轨上,由液压传动系统带动实现直线往复运动,运动行程由两个撞块控制,也可用升降手轮进行调整工作。工作台上装有电磁吸盘或其他夹具,用以装夹工件,必要时也可把工件直接装夹在工作台上。

装有砂轮主轴的磨头的上部有燕尾形导轨与滑鞍上的水平燕尾导轨配合,由液压传动系统实现横向间歇进给(磨削时用)或连续移动(修整砂轮或调整位置时用)。横向手轮用来手动调节磨头的前后位置,或实现上述运动。

滑鞍可沿立柱的导轨作垂直移动,以调整磨头的高低位置或实现垂直进给运动,这一运动也可靠转动升降手轮来实现。

(2)磨床的运动　M7120A 型平面磨床的切削运动如图 5-4b 所示。

①主运动:磨头主轴上的砂轮的旋转运动。

②进给运动:纵向进给运动,如工作台沿床身纵向导轨的直线往复运动;横向进给运动,如磨头沿滑鞍的水平导轨所作的横向间歇进给运动,在工作台每一往返行程终了时完成;垂直进给运动:滑鞍沿立柱的垂直导轨所作的运动。

第二节　砂　轮

砂轮是磨削的刀具。

一、砂轮的组成及特性

砂轮是由磨料和结合剂黏结成的多孔物体，其中，磨料、结合剂和孔隙是砂轮的三个基本组成要素，如图 5-5 所示。

图 5-5　砂轮的组成

1. 孔隙　2. 结合剂　3. 磨料

砂轮的特性由磨料的种类和粒度，结合剂的种类，砂轮的硬度、组织和尺寸等因素来决定。

(1)磨料　磨料担负切削工作，它的棱角必须锋利，还应具有很高的硬度、良好的耐热性和一定的韧性。常用的磨料名称、代号、特性和应用范围见表 5-1。

(2)磨料的粒度　粒度是指磨料颗粒的粗细程度。磨粒用筛选法分类，它的粒度号以筛网上每英寸长度内的孔眼数来表示。例如，60＃粒度的磨粒，说明磨粒能通过每英寸 60 个孔眼的筛网。粒度号越大，磨粒尺寸越小。当磨粒尺寸小于 40μm 时，粒度值直接用“W”和公称尺寸表示，例如 W20(表示磨粒的实际尺寸在 16～20μm)。

表 5-1　常用磨料的名称、代号、特性及其应用范围

系类	名　称	代　号	特　　性	应用范围
刚玉系	棕刚玉	A(GZ)	呈棕褐色，硬度较高，韧性较高，价格相对较低	适于磨削碳钢、合金钢、可锻铸铁、硬青铜等
	白刚玉	WA(GB)	呈白色，硬度比棕刚玉高，韧性较棕刚玉低	适于磨削淬火钢、合金钢、高碳钢、高速钢以及加工螺纹及薄壁件等
碳化物系	黑色碳化硅	C(TH)	呈黑色，有光泽，硬度高于刚玉系，但性脆	适于磨削铸铁、延展性好的非铁金属材料，也适于各类非金属
	绿色碳化硅	GC(TL)	呈绿色，硬度和脆性均较黑色碳化硅为高，自锐性能好	用于硬质合金、宝石、玉石、光学玻璃等硬脆材料的加工
	碳化硼	BC(Tp)	呈灰黑色，在普通磨料中硬度最高，研磨性能好	适于硬质合金、宝石及玉石等材料的研磨与抛光

磨料粒度影响磨削加工的质量和生产率。一般说来，粗磨时的磨削余量大，对

加工质量要求较低，应选用较粗的磨料；精磨则应选较细的磨料。磨软材料时，为减缓砂轮被磨屑堵塞，多选粗磨料，而磨脆、硬金属用细磨料。

(3)结合剂的种类　结合剂是用来把磨料粘结起来的物质。砂轮的强度、抗冲击性、耐热性及抗腐蚀能力，主要取决于结合剂的性能。常用结合剂主要有陶瓷结合剂(V)、树脂结合剂(B)和橡胶结合剂(R)等。

(4)砂轮的硬度　砂轮的硬度是指其表面上的磨粒在外力作用下脱落的难易程度。如磨粒易脱落，则表明砂轮硬度低，反之则表明其硬度高。砂轮的硬度与磨料的硬度是两个不同的概念。砂轮硬度等级有：超软(D、E、F)，软(G、H、J)，中软(K、L)，中(M、N)，中硬(P、Q、R)，硬(S、T)，超硬(Y)等。

选用时，一般是磨硬材料时用较软的砂轮，而磨软的材料时则用较硬的砂轮。但在磨有色金属、橡胶、树脂等很软的材料时，应选较软的砂轮，以免砂轮被磨屑堵塞。在精磨或成形磨削时，特别需要保持砂轮的形状精度，应选用硬一点的砂轮。常用的砂轮硬度是 H～N。

(5)组织　砂轮的组织表示磨料、结合剂、孔隙三者的比例关系。它是以磨料体积占整个砂轮体积的百分数来表示的。砂轮组织分紧密、中等、疏松三种状态，13 级(0～12 号)，其中 0 号最紧，12 号最松。

砂轮组织疏松，容屑空间大，并且利于冷却和润滑。但过于疏松的砂轮，其磨料含量太少，容易磨钝。一般粗磨或磨软材料时，选用疏松的砂轮，利于容屑；精磨或磨硬材料时，选用紧密的砂轮。常用的是中等组织 5～6 号。

二、砂轮的形状及规格

根据磨床结构及加工的需要，砂轮制成各种形状和尺寸。常用的几种砂轮的名称、形状、代号及用途见表 5-2。

表 5-2　常用砂轮的名称、形状、代号及用途

砂轮名称	代号	断面图	基本用途
平形砂轮	P		根据不同尺寸分别用于外圆、内圆、平面、无心磨、刃磨、螺纹磨和装在轮机上磨削
双面凹砂轮	PSA		主要用于外圆磨削和刃磨刀具，还用做无心磨削的导轮和磨削轮
对斜边 1 号砂轮	PSX1		主要用于磨齿轮齿面和单线螺纹
筒形砂轮	N		用在立式平面磨床的立轴上磨平面
碗形砂轮	BW		通常用于刃磨铣刀、铰刀、拉刀、盘形车刀、插齿刀、扩孔钻等，也可磨机床导轨

续表 5-2

砂轮名称	代号	断面图	基本用途
杯形砂轮	B		主要用其端面刃磨铣刀、铰刀、拉刀、切纸刀等,也可用其圆周磨平面和内圆
蝶形1号砂轮	D1		适用于磨铣刀、铰刀、拉刀和其他刀具,大尺寸的一般用于磨齿轮齿面

在砂轮的非工作表面上都标有砂轮的规格,如:

GZ60 # KVP600×75×305

其符号含义如下。

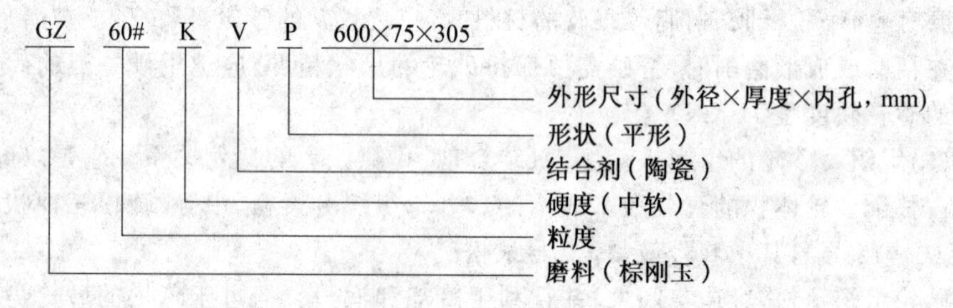

三、砂轮的平衡、安装与修整

①砂轮的平衡。砂轮安装前一般需经过平衡,即使砂轮重心与它的回转中心重合,这一点对于较大直径的砂轮尤其重要。

②砂轮的安装。砂轮安装前应仔细检查,不允许有裂纹。可通过外形观察或用木棒轻敲来判断,发音清脆为良好,声音嘶哑说明有裂纹,有裂纹时严禁使用。安装时,砂轮承受的紧固力必须均匀、适当,否则会引起砂轮的断裂。

③砂轮的修整。随磨削次数的增多,砂轮磨粒逐渐变钝,磨粒所受切削抗力就随之增大,变钝的磨粒会破碎,一部分会脱落,露出新的锋利的磨粒继续切削,这就是砂轮的自砺性。但是砂轮不能完全自砺,未脱落的磨粒继续变钝,磨削能力下降,其外形也会有变化,这就需用金刚石修整器进行修整。

第三节 常见磨削加工方法

磨削属于精加工序,加工精度在IT5～IT8,表面粗糙度 $Ra0.2 \sim 0.8\mu m$,一般安排在加工工序的最后。

一、外圆磨削

(1)工件的装夹 常用的装夹方法有卡盘装夹、两顶尖装夹和心轴装夹等,情况与在车床上基本相同。但磨床所用前、后顶尖都是固定不转的,以避免顶尖摆动影响工件精度。此外，尾座顶尖是弹性的，以便工件与顶尖始终保持适当的松紧程度。

(2)操作要点

①纵磨法。见图 5-6a。磨削时，以砂轮高速旋转为主运动，工件旋转并随工作台一起作轴向(纵向)往复运动，以完成圆周进给和轴向进给运动。每当一次往复行程终了时，砂轮再作周期性的横向进给运动。当沿横向进给达到所需的磨削深度时，要再作几次纵向往复运动，直到无火花产生为止。磨削时，应注意浇注切削液。

这种磨削法由于每次磨削深度很小，因而磨削力小，磨削热少，散热也快，再加上最后的无火花磨削过程，所以加工精度较高，工件表面粗糙度也小。因此，纵磨法应用较广。

②横磨法。见图 5-6b。横磨法又称径向磨削法或切入磨削法。磨削时，工件无纵向进给运动，砂轮以很慢的速度连续或断续地向工件作横向(径向)进给运动，直至把余量全部磨完为止。

采用横向磨削法时，砂轮全部宽度上的磨粒都充分地发挥磨削作用，有利于提高生产率，但砂轮磨到外形变样时，其形状误差会直接影响到工件的形状精度。此外，砂轮与工件的接触面积大，磨削力也大，磨削温度高，工件表面容易退火和烧伤。为此，需勤修整砂轮并充分供给切削液。这种磨削法适合于磨较短的外圆或两侧有台阶的轴颈，工件还应有足够的刚度。

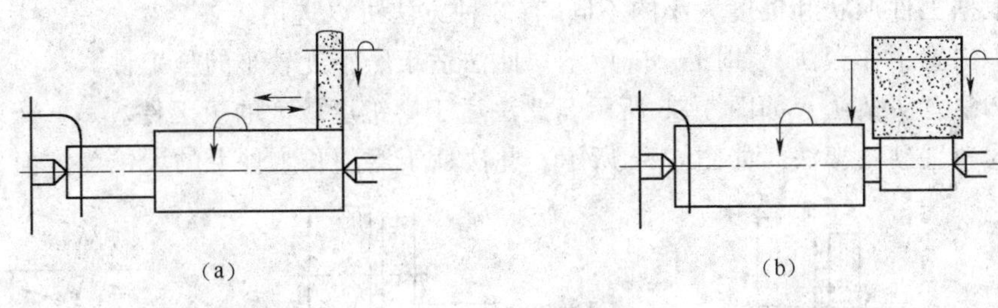

图 5-6　外圆磨削

磨外圆的磨削余量为 0.2～1.2mm；工件的旋转速度粗磨时取 10～34m/min，精磨时取 15～80m/min；工作台纵向进给量取 10～63mm/r，横向进给量为 1.6～18μm/工作台行程。

二、内圆磨削

在单件、小批生产或机修车间，可在万能外圆磨床上磨内圆，在大批或大量生产中，则宜在内圆磨床上完成。内圆磨削方法也有两种。

①纵磨法。见图 5-7a。以砂轮高速旋转来完成主运动；工件以与砂轮旋转方向相反的低速旋转来完成圆周进给运动；工作台沿被加工孔的素线作往复移动以

完成工件的纵向进给运动;砂轮沿工件径向在每一往复行程之前间歇地移动,以完成横向进给运动(控制磨削深度)。

②横磨法。如图 5-7b 所示,磨削时,工件只作圆周进给运动(无纵向进给运动),砂轮以很慢的速度连续地或断续地向工件作横向进给运动,直至孔径磨到所需尺寸为止。

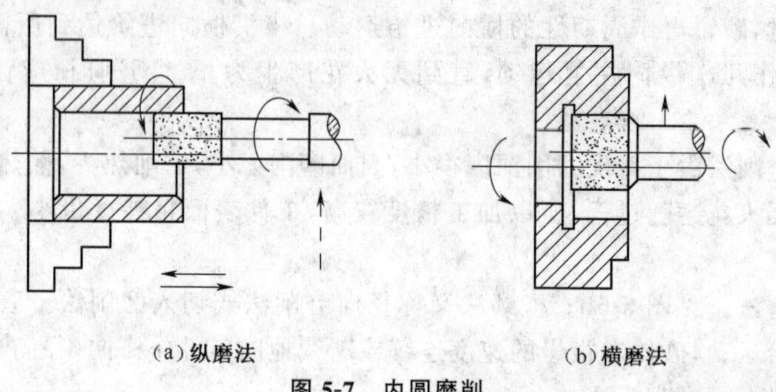

(a)纵磨法　　　　(b)横磨法

图 5-7　内圆磨削

与磨外圆相比,磨内圆时,砂轮和砂轮的接长轴的直径都受工件孔径的限制,因此,磨削速度难以提高,砂轮易堵塞、磨钝,砂轮轴刚度差,这样就使加工质量和生产率受到影响。

三、外圆锥面磨削

根据工件形状和锥度大小的不同,有 3 种方法可以选用。

①斜置工作台法。如图 5-8a 所示。此法适于磨锥度较小的长工件。

②斜置头架法。如图 5-8b 所示。此法适于磨锥度较大的短工件。

③斜置砂轮架法。如图 5-8c 所示。此法适于磨削长工件上的大锥度锥面。

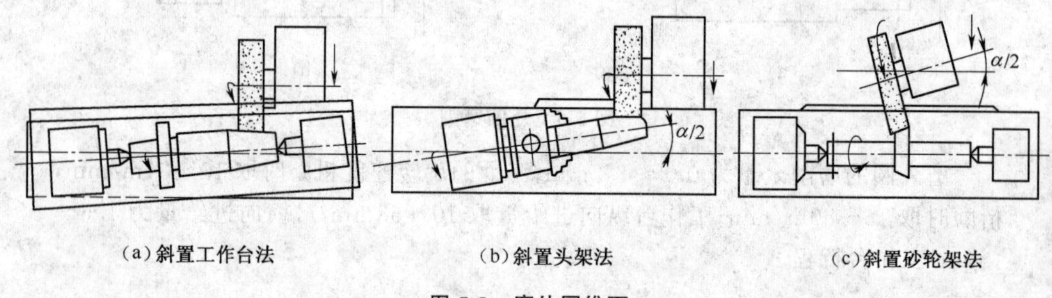

(a)斜置工作台法　　　　(b)斜置头架法　　　　(c)斜置砂轮架法

图 5-8　磨外圆锥面

四、内圆锥面磨削

磨内圆锥面既可以在内圆磨床上完成,也可以在外圆磨床上完成。磨削方法有以下两种。

①斜置头架法。如图 5-9a 所示。此法适于在内圆磨床上磨削各种锥度的圆

锥孔、在万能外圆磨床上磨削锥度较大的圆锥孔。

②斜置工作台法。如图 5-9b 所示。此法仅限于在万能外圆磨床上磨削锥度不大的圆锥孔。

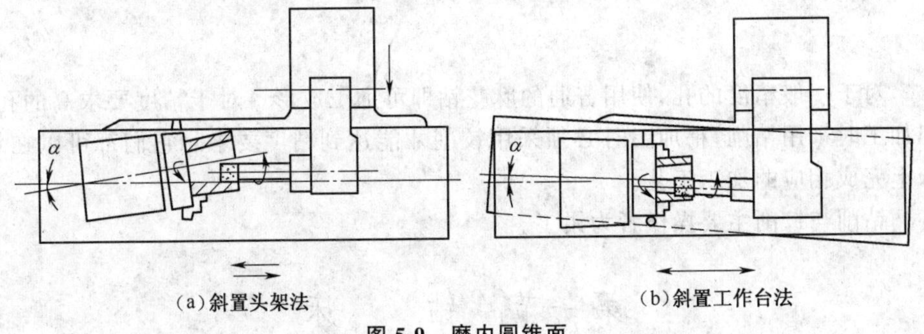

图 5-9　磨内圆锥面

五、平面磨削

平面磨削常见两种方法，见图 5-10。

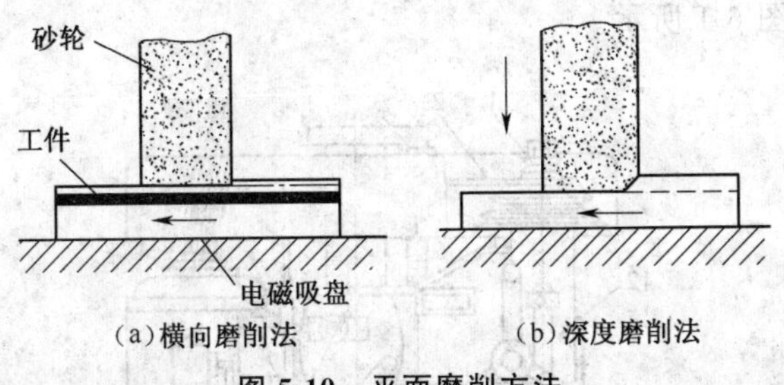

图 5-10　平面磨削方法

(1)横向磨削法　如图 5-10a 所示。这种磨削法是当工作台每次纵向行程终了时，磨头作一次横向进给。等到工件表面上第一层金属磨削完毕，砂轮按预选磨削深度作一次垂直进给，接着按上述过程逐层磨削，直至工件尺寸达到图样要求。粗磨时应选较大横向进给量和磨削深度，精磨时则两者均应小些。

这种磨削方法适用于磨削宽长工件，也适用于相同小件按序排列，作集合磨削。

(2)深度磨削法　如图 5-10b 所示。这种方法的纵向进给量较小，砂轮只作两次垂直进给，第一次垂直进给量等于全部粗磨余量，当工作台纵向行程终了时，将砂轮横向移动 3/4～4/5 的砂轮宽度，直到将工件整个表面的粗磨余量磨完为止。第二次垂直进给量等于精磨余量。其磨削过程与横向磨削法相同。

这种方法由于垂直进给次数少，生产率较高，加工质量也有保证。但磨削抗力大，仅适用于在动力大、刚度好的磨床上磨较大的工件。

平面磨削余量取 0.05～0.4mm，矩形工作台圆周磨削时，工作台纵向进给量取 6～20m/min，横向进给量为 16～75mm/工作台行程。

第六章　钻削和铰削加工

对于一般精度的孔，使用普通的麻花钻即可加工成形。对于精度要求高的孔，粗加工时采用钻削，精加工时必须采用铰削才能达到精度要求。它们都可以在钻床上完成相应的加工工艺。

钻削与铰削主要操作者为钳工。

第一节　钻　　床

常用的钻床有台式钻床、立式钻床和摇臂钻床三种。

一、台式钻床

台式钻床如图6-1所示。

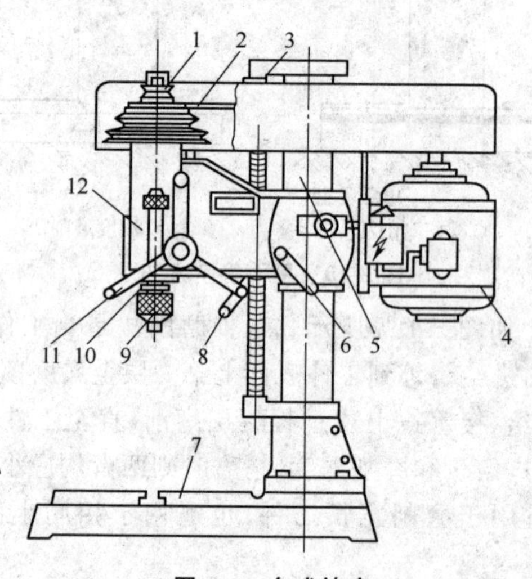

图6-1　台式钻床

1. 塔轮　2. V带　3. 丝杠架　4. 电动机　5. 立柱　6. 锁紧手柄　7. 工作台　8. 升降手柄　9. 钻夹头　10. 主轴　11. 进给手柄　12. 主轴架

电机4的顶端装有V带轮，通过V带传动可驱动主轴10转动。主轴下端装有钻头，用于夹持直柄麻花钻，进行钻孔加工。松开锁紧手柄6，摇动升降手柄8可以调节主轴架的高度，然后锁紧，以适应不同高度工件钻孔。手柄11是钻孔时手动进给手柄，可控制钻孔的快慢和加工深度。

台式钻床仅适于在工件上钻孔径不大于12mm的孔，所用的钻头为直柄麻花钻。台式钻床是钳工钻孔最常用的设备。在台式钻床上不能进行铰削加工。

二、立式钻床

立式钻床如图 6-2 所示。

立式钻床的基本结构与台钻相似，其不同点在于主轴 2 可以从进给箱 3 中获得自动进给量。变速箱 4 驱动主轴 2 转动。工作台 1 可以通过手柄调整高度，以适应不同的加工高度。钻床主轴下端是安装锥柄钻头的莫氏锥孔。

立式钻床适于钻削直径小于 50mm 的孔。立式钻床的刚度好，转速低，可进行铰孔和攻螺纹。立式钻床是精加工设备。

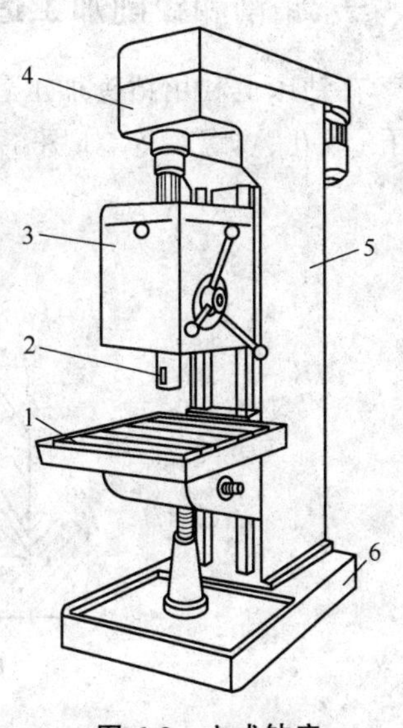

图 6-2 立式钻床

1. 工作台 2. 主轴 3. 进给箱 4. 变速箱 5. 立柱 6. 底座

三、摇臂钻床

图 6-3 所示为摇臂钻床。

摇臂钻的特点是摇臂 3 可以绕立柱 2 作 360°的转动，以适应大型工件孔的加工。变整箱 4 连同主轴 5 可沿摇臂 3 的导轨移动，调节加工位置。

摇臂钻床是加工大直径孔的设备，综合性能好，适用于粗加工、半精加工和精加工全部加工工序。所使用钻头、铣刀、铰刀都是锥柄的。

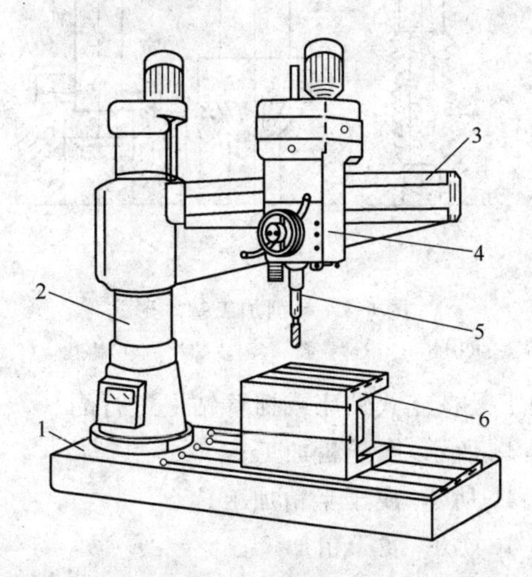

图 6-3 摇臂钻床

1. 底座 2. 立柱 3. 摇臂 4. 主轴变速箱 5. 主轴 6. 工作台

第二节 钻削和铰削加工适应性

一、钻削和铰削加工适用范围

在钻床上利用钻头加工各种内孔的工艺称为钻削。钻床上加工的基本形式有钻孔、铰孔、攻螺纹等,如图 6-4 所示。

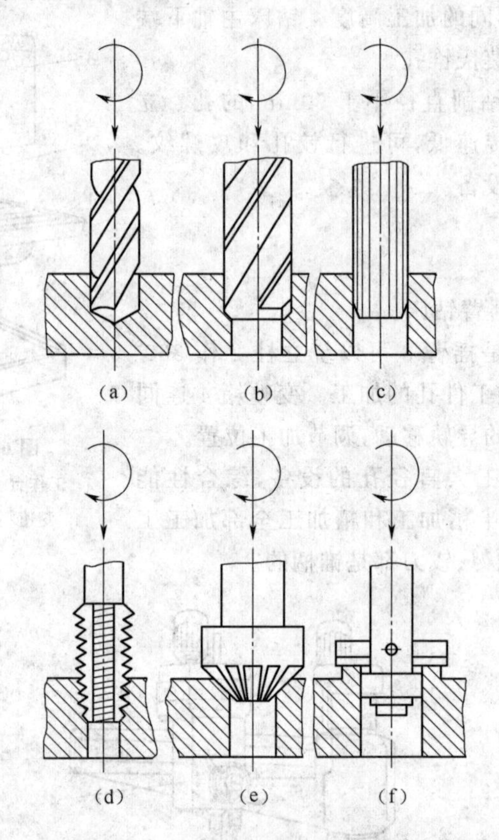

图 6-4 钻削加工基本形式

(a)钻孔 (b)扩孔 (c)铰孔 (d)攻螺纹 (e)锪孔 (f)刮平面

图 6-4 所示的加工是在立式钻床或摇臂钻上进行的。

①钻孔。如图 6-4a 所示,属于粗加工;

②扩孔。如图 6-4b 所示,属于半精加工;

③铰孔。如图 6-4c 所示,属于精加工;

④攻螺纹。如图 6-4d 所示,属于机动攻螺纹孔,可达半精加工程度;

⑤锪孔。如图 6-4e 所示,用锪孔钻加工孔口;

⑥刮平面。如图 6-4f 所示,用机动端面刀将孔口刮平。

二、钻削和铰削加工精度

①钻孔精度较低，为 IT11～IT12，Ra6.3～50μm。

②扩孔精度为 IT9～IT10，Ra3.2～6.3μm。

③铰孔精度为 IT7～IT8，Ra0.8～3.2μm。

不同形式的钻削，分别用于精加工、半精加工和精加工工序。

第三节　钻削和铰削刀具

麻花钻、扩孔钻、铰刀和丝锥是常用的钻孔刀具。这些刀具都是用高速钢制成的。

一、麻花钻

麻花钻是钻孔的主要刀具。直径在 ϕ12mm 以下的麻花钻为直柄圆柱式，多用于台式钻床上；直径 ϕ12mm 以上的麻花钻柄部为圆锥形，多用于立钻及摇臂钻。锥柄式麻花钻的外形如图 6-5 所示。

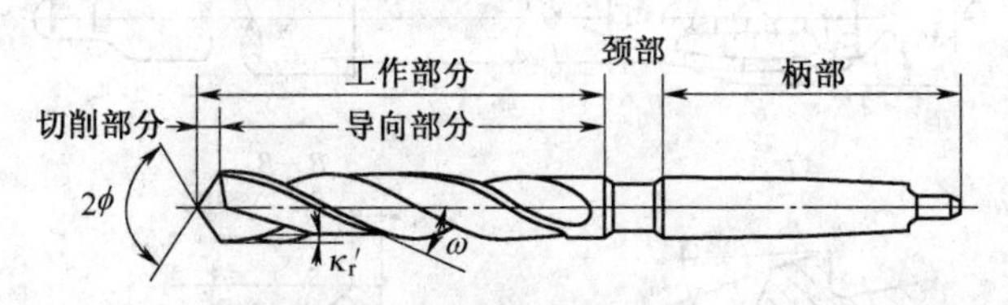

图 6-5　锥柄麻花钻的外形

钻头通过钻夹头或钻套夹持在钻床主轴上，由电动机带动其旋转实施钻工加工。钻夹头和钻套如图 6-6 所示。

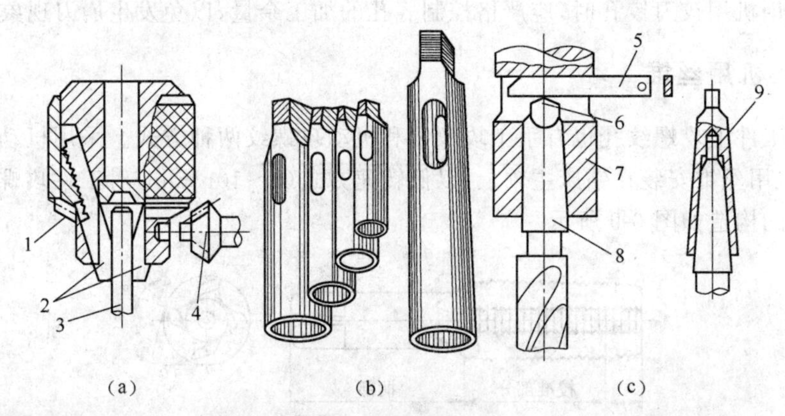

图 6-6　钻夹头和钻套

(a)钻夹头　(b)过渡钻套　(c)钻头的拆卸

1. 锥齿轮　2. 爪　3. 钻头　4. 锥齿轮钥匙　5. 楔铁　6. 扁尾　7. 钻轴　8. 莫氏锥柄　9. 过渡钻套

二、扩孔钻

对已有孔进行扩大孔径的加工称为扩孔。一般情况下，可以采用直径较大的麻花钻扩孔；当扩孔精度要求高时，应采用专门扩孔钻扩孔。扩孔钻如图 6-7 所示。

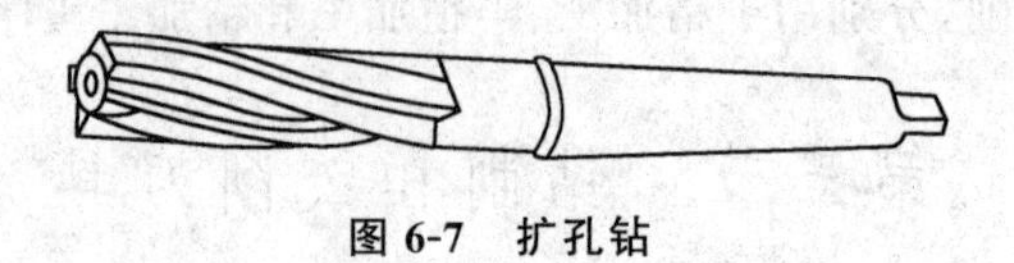

图 6-7 扩孔钻

三、机用铰刀

经过钻孔和扩孔达不到精度要求时，还要进行铰孔。利用铰刀对已加工好的孔进行铰孔，可以获得优良的加工质量。铰孔有手工铰孔和机动铰孔两种方式。机动铰孔是在钻床上采用机用铰刀进行铰削的。机用铰刀如图 6-8 所示。

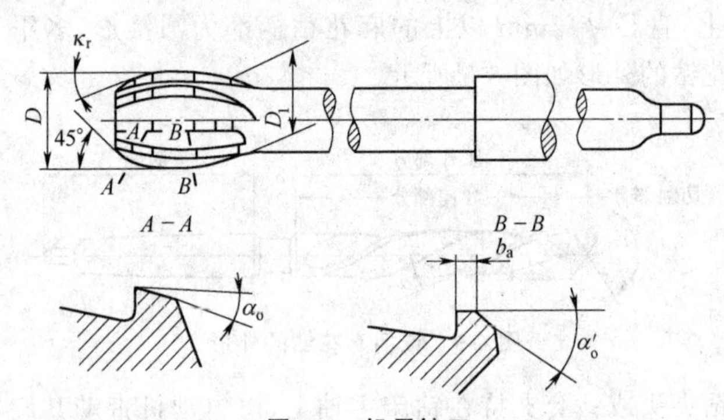

图 6-8 机用铰刀

采用机用铰刀铰孔时，应严格控制底孔的加工余量，以免发生崩刀现象。

四、机用丝锥

在工件上攻螺纹孔也有手工攻螺纹和机动攻螺纹两种方式。采用机动攻螺纹时，将机用丝锥安装在钻床主轴上，以低转速方式（5～10r/min）对工件攻螺纹。机用丝锥的构造如图 6-9 所示。

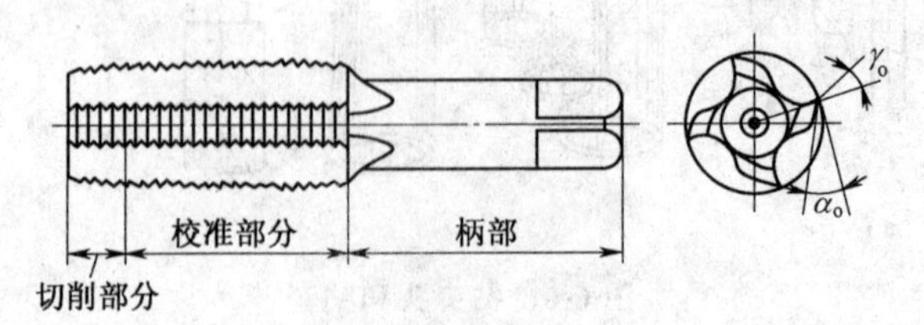

图 6-9 机用丝锥的构造

第四节　钻削和铰削加工方法

一、钻孔前的准备工作

(1)钻孔前工件划线　钻孔前划线如图 6-10 所示。按钻孔位置尺寸要求划出孔的中心线，并打上中心的样冲眼，再按孔的大小划出孔的圆周线。对于孔径较大要求较精的情况，应划出几个大小不等的同轴检查圆或检查方格，以便钻孔过程中，随时校正位置。然后，可将中心样冲敲大，以便钻头准确定心。

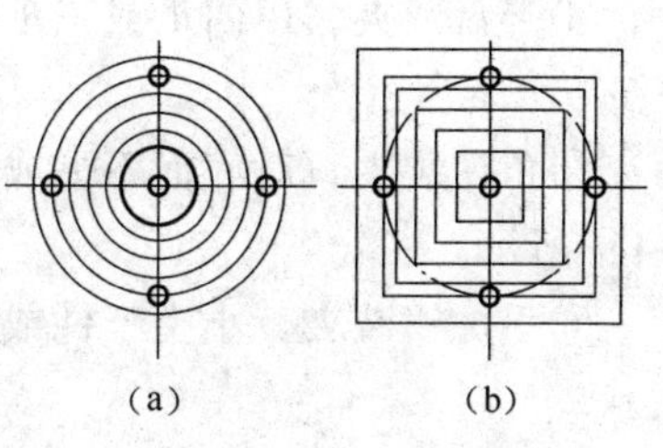

图 6-10　钻孔前划线

(a)检查圆　(b)检查方格

(2)工件的装夹　有效固定的装夹，是工件钻孔质量的基本保证。工件的钻削装夹如图 6-11 所示。钻孔在 ϕ8mm 以上时，各种夹具与钻床工作台之间均应用螺栓、压板固定。

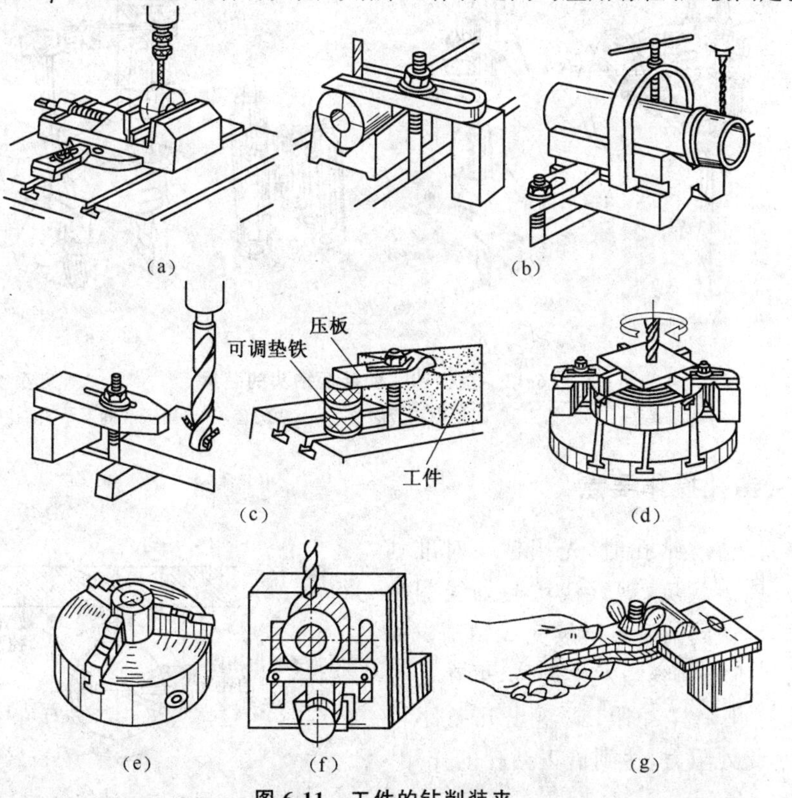

图 6-11　工件的钻削装夹

(a)用机用平口钳装夹工件　(b)用 V 形架装夹工件　(c)用压板装夹工件　(d)用四爪单动卡盘装夹　(e)用三爪自定心卡盘装夹　(f)用角铁装夹工件　(g)用手虎钳装夹

①平整工件采用平口钳装夹，如图 6-11a 所示。钻通孔时，工件底部应垫上垫铁，空出落钻部位。

②圆柱形工件采用 V 形架装夹，如图 6-11b 所示。钻孔时，钻头轴线应位于 V 形架对称中心上，并按划线位置钻孔。

③对于大型工件，一般可用压板装夹，如图 6-11c 所示。

④卡盘装夹。用四爪或三爪卡盘装夹矩形板或圆柱工件，对端面实施钻孔，如图 6-11d、e 所示。

⑤角铁装夹。对底面不平或加工基准面为侧面的工件适宜用角铁装夹，如图 6-11f 所示。

⑥手虎钳装夹。小型工件或薄板件上钻小孔时，可用手虎钳装夹，如图 6-11g 所示。

(3)钻头的装拆　直柄钻头和锥柄钻头的装拆如图 6-12 所示。

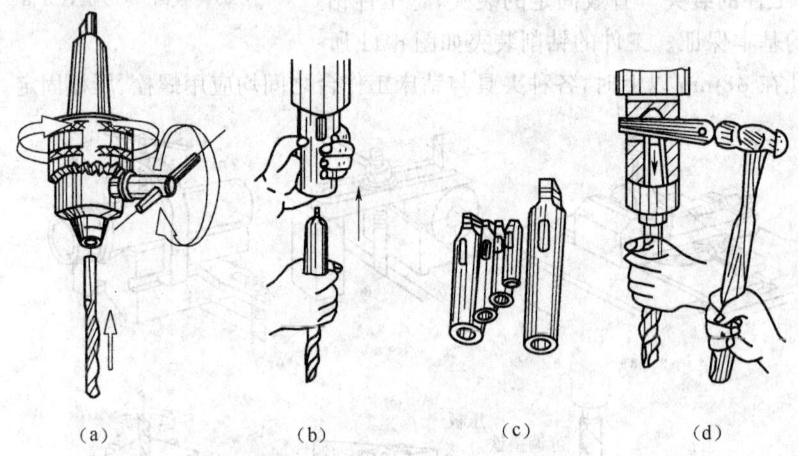

图 6-12　直柄钻头和锥柄钻头的装拆

(a)在钻夹头上拆装钻头　(b)用钻头套装夹　(c)钻头套　(d)用斜铁拆下钻头

二、钻孔操作要点

(1)试钻　钻孔时，先用钻头对准划线中心，钻出浅坑，观察浅坑与划线圆是否同轴，确认同轴后再继续完成钻削。如钻出的浅坑与划线圆发生偏位，可在借正方向上打几个样冲眼，或錾出几条小油槽，减小此处阻力，达到借正钻孔的作用，如图 6-13 所示。

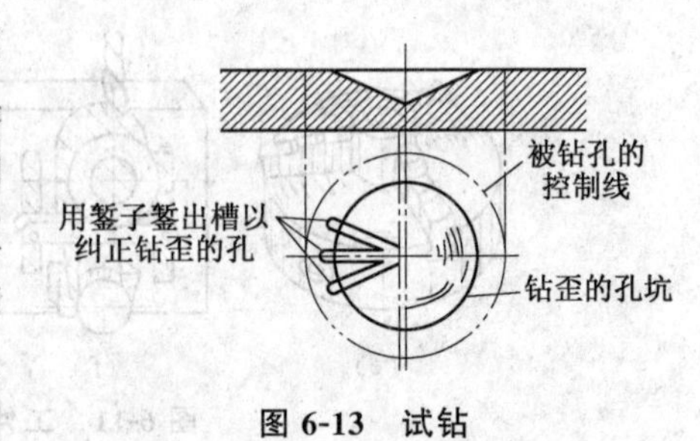

图 6-13　试钻

(2)钻孔操作注意事项

①钻通孔快要钻穿时，应减小进给力，以免发生卡钻现象，以致折断钻头。

②钻不通孔，应按钻孔深度调整好钻床上的挡块位置，避免钻孔过深或过浅。钻削深度达到钻头直径的3倍时，钻头应常退出排屑，并注意使用冷却润滑液。

③钻ϕ30mm以上的大孔时，应分两次进行，第一次用0.6～0.8倍孔径钻头钻孔，第二次用所需孔直径的钻头钻成。

④钻小孔如ϕ2mm以下时，应采用高转速（2000～3000r/min），加力小而平稳，进给要慢，防止钻头弯曲折断。

⑤在斜面上钻孔时，可用中心钻先钻底孔，或用铣刀先钻出平台然后再行钻孔。

(3)钻削加工的安全文明生产要求

①操作钻床时不可以戴手套，袖口必须扎紧，戴工作帽。

②工件装夹必须牢固，孔将钻穿时，要减小进给力。

③启动钻床前，必须确认钻夹钥匙或斜铁不插在钻轴上。

④不可用棉丝或嘴吹清除铁屑，必须用毛刷进行清理。对于长条切屑，宜用钩子钩断后，再行除去。

⑤绝对禁止在钻床运转状态下装拆工件，必须在钻床停止状态下，变换转速或校正工件。

⑥钻床停止转动，只能在切断电源后，让其自然停止，绝对不允许施加任何反向制动阻力。

⑦按规定做好维护保护工作：一是工具、量具、刃具不可混放；二是钻孔前应对相关的设备，工、夹、量具进行检查，确认无误方可使用；三是工作完后应对钻床擦油，并作定期保养。

三、扩孔

扩孔是用扩孔钻或麻花钻对已加工出的孔进行扩大加工的一种方法。它与前述分两步钻大孔最大区别在于扩孔可以校正孔轴线的偏差，获得正确的几何形状、较高加工精度IT9～IT10和较低的表面粗糙度Ra3.2～12.5μm。扩孔加工余量一般在0.2～4mm之间。扩孔可以作为孔加工的最终加工，也可以作为铰孔、磨孔前的预加工工序。

(1)采用扩孔钻扩孔　扩孔钻的外形与麻花钻相似，但其结构比较复杂，制造较为麻烦，用钝后人工刃磨难以恢复其性能。扩孔钻如图6-14所示，属于专用的刀具。扩孔如图6-15所示，其中a_p为扩孔切削深度。

$$a_p=(D-d)/2$$

式中　D——扩孔后直径（mm）；

d——预加工孔直径（mm）。

扩孔钻扩孔常用于成批大量生产，保证扩孔精度主要取决于以下三种扩孔方式：

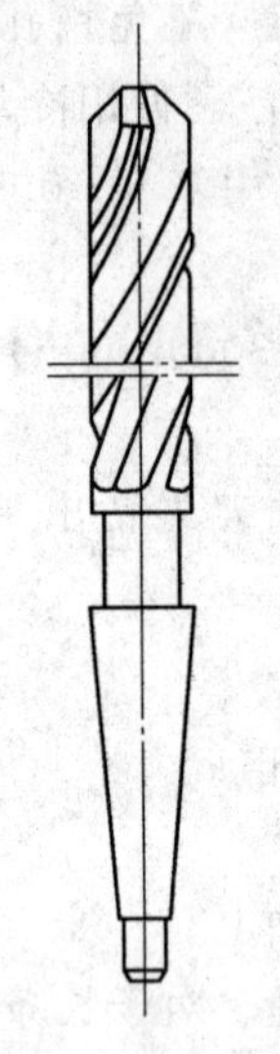

图 6-14　扩孔钻

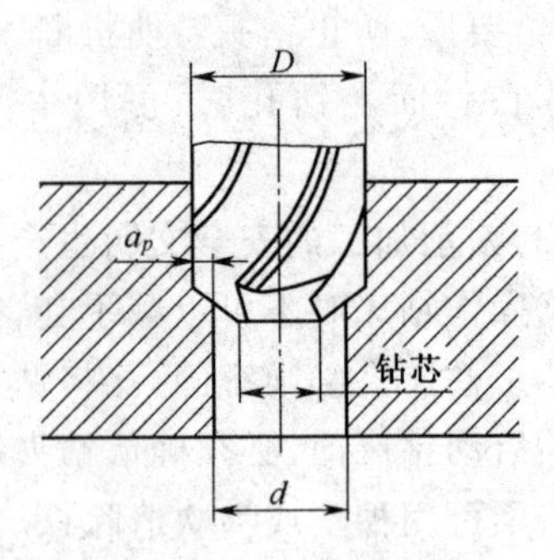

图 6-15　扩孔

①可以在不改变工件和机床主轴相对位置情况下，换上扩孔钻扩孔，保证扩孔后的孔中心线与机床主轴线一致，保证了加工精度要求。

②扩孔前先用镗刀镗出一段直径与扩孔尺寸相同的导向孔，使扩孔钻一开始就有良好的导向作用。此法适用于铸孔、锻孔上扩孔。

③采用专门的钻套导向扩孔。

(2)采用麻花钻扩孔　采用麻花钻扩孔时，要求先钻孔的直径必须达到拟扩孔直径的 0.5～0.7 倍。扩孔时，切削速度要降低至原有的 1/2，而进给量则为钻孔时的 1.5～2 倍。这些都是有别于二次钻孔的要求。

四、锪孔

锪孔是用锪孔刀具在孔口表面加工出一定形状的孔或表面的加工方法。锪孔形式如图 6-16 所示，分别为锪柱形埋头孔、锪锥形埋头孔和锪孔端平面的情形。

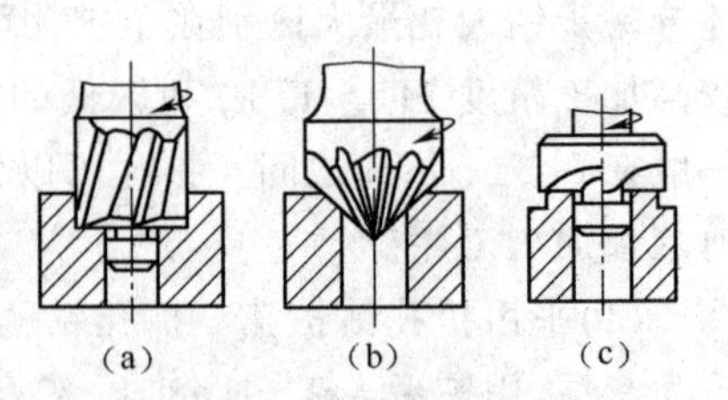

图 6-16　锪孔形式

(a)锪柱形埋头孔　(b)锪锥形埋头孔

(c)锪孔端平面

锪孔时应注意如下要求：

①锪锥形埋头孔时，应按图样锥角要求选用锥形锪孔钻。锪孔深度应控制埋头螺钉装入后低于工件表面 0.5mm，被锪锥面无振痕。

②锪柱形埋头孔时应先扩孔后锪孔。先行用麻花钻钻出带台阶的导向孔。然后再用改制后的麻花钻锪出平整的底面，先扩孔后锪平如图 6-17 所示之顺序 1→2→3。

③注意控制锪孔速度在钻孔速度的 1/3～1/2,切勿过快。否则,所锪之孔的质量难以达到要求。

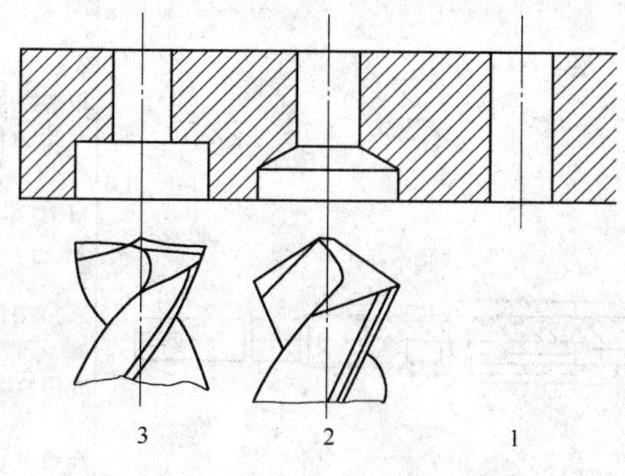

图 6-17　先扩孔后锪平

五、铰孔

铰孔是用铰刀从已经粗加工的孔壁上切除数量微小的金属层,对孔进行精密加工的方法,其精度可达 IT7～IT9,表面粗糙度 $Ra0.8～3.2\mu m$。

(1)铰刀　铰刀的种类主要有整体式圆柱铰刀、可调手铰刀、螺旋槽手动铰刀和锥铰刀四种,铰刀及其使用见表 6-1。

表 6-1　铰刀及其使用

名称	图　示	说　明
整体圆柱铰刀	l_3 l_2 l_1 A A—A f φ D D_1 (a) l_2 l_1 A A—A f D φ (b)	1. 用来铰削标准系列的孔 2. 它由工作部分、颈部和柄部组成;工作部分包括引导部分、切削部分和校准部分 3. 引导部分(l_1)的作用是便于铰刀开始铰削时放入孔中,并保护切削刃 4. 切削部分(l_2)的作用是承受主切削力 5. 校准部分(l_3)的作用是引导铰孔方向和校准孔的尺寸 6. 颈部的作用是在磨制铰刀时退刀 7. 柄部的作用是装夹铰刀和传递转矩。直柄和锥柄用于机用铰刀,如图 a 所示,而直柄带方榫用于手用铰刀,如图 b 所示

续表 6-1

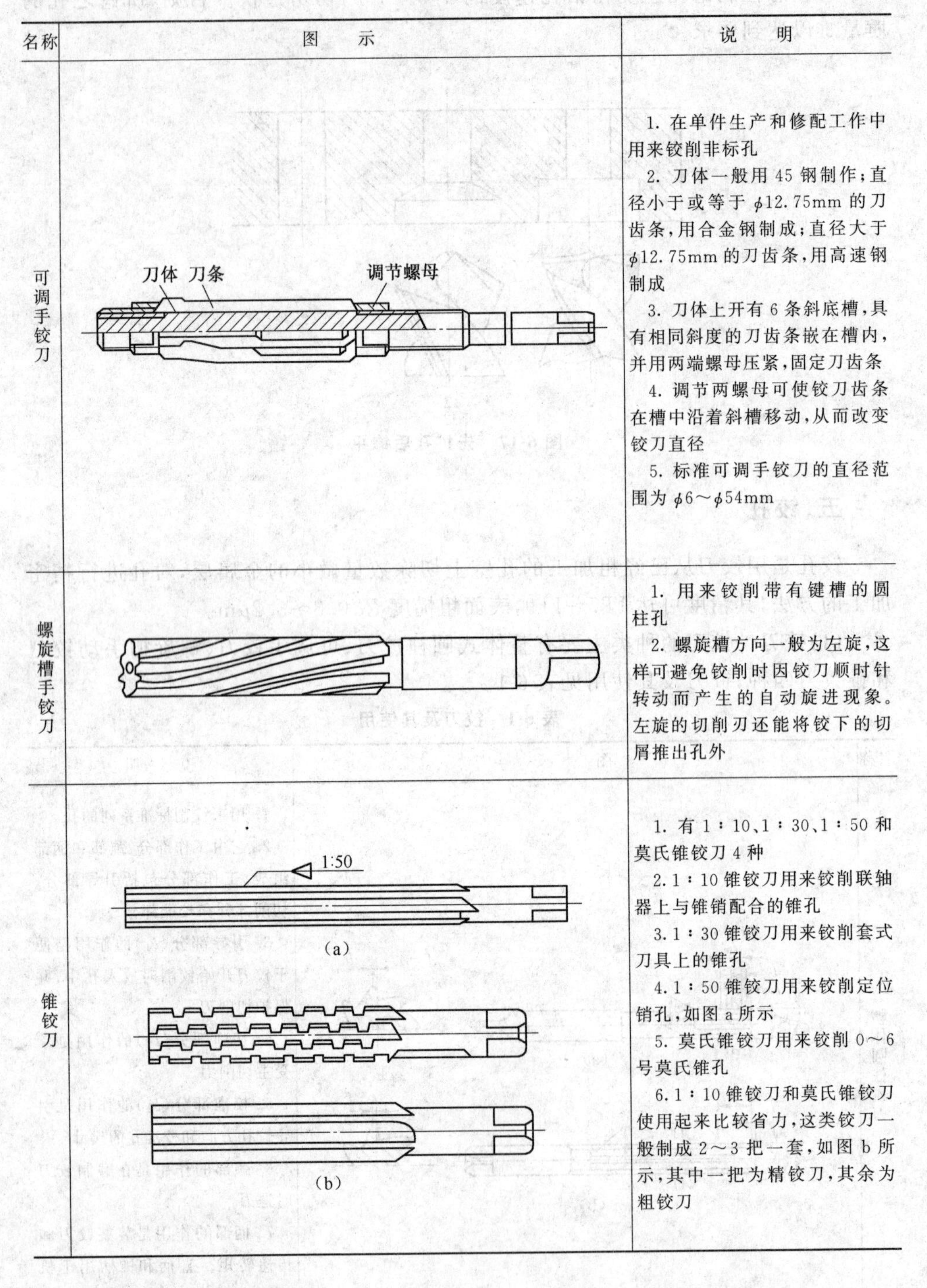

名称	图示	说明
可调手铰刀	刀体 刀条 调节螺母	1. 在单件生产和修配工作中用来铰削非标孔 2. 刀体一般用 45 钢制作；直径小于或等于 ϕ12.75mm 的刀齿条，用合金钢制成；直径大于 ϕ12.75mm 的刀齿条，用高速钢制成 3. 刀体上开有 6 条斜底槽，具有相同斜度的刀齿条嵌在槽内，并用两端螺母压紧，固定刀齿条 4. 调节两螺母可使铰刀齿条在槽中沿着斜槽移动，从而改变铰刀直径 5. 标准可调手铰刀的直径范围为 ϕ6～ϕ54mm
螺旋槽手铰刀		1. 用来铰削带有键槽的圆柱孔 2. 螺旋槽方向一般为左旋，这样可避免铰削时因铰刀顺时针转动而产生的自动旋进现象。左旋的切削刃还能将铰下的切屑推出孔外
锥铰刀	1:50 (a) (b)	1. 有 1∶10、1∶30、1∶50 和莫氏锥铰刀 4 种 2. 1∶10 锥铰刀用来铰削联轴器上与锥销配合的锥孔 3. 1∶30 锥铰刀用来铰削套式刀具上的锥孔 4. 1∶50 锥铰刀用来铰削定位销孔，如图 a 所示 5. 莫氏锥铰刀用来铰削 0～6 号莫氏锥孔 6. 1∶10 锥铰刀和莫氏锥铰刀使用起来比较省力，这类铰刀一般制成 2～3 把一套，如图 b 所示，其中一把为精铰刀，其余为粗铰刀

(2)铰孔前的准备工作

①铰刀直径的选择。铰刀直径的公称尺寸应等于被铰孔直径的公称尺寸；铰

刀直径上偏差等于被加工孔公差的 2/3，下偏差等于被加工孔公差的 1/3。

对于可调节手动铰刀则要选择其调节范围符合被铰孔的要求。

②选择铰削余量。应根据被铰孔直径大小确定铰削加工余量：

直径≤5mm 的孔，其铰削余量为 0.1～0.2mm；

直径在 5～20mm 的孔，其铰削余量为 0.2～0.3mm；

直径在 21～32mm 的孔，其铰削余量为 0.3mm；

≥33mm 的孔，其铰削余量均为 0.5mm。

③机铰刀用量的选择：

铰钢孔时，切削速度 $v \leqslant 8$m/min，进给量 0.4mm/r；

铰铸铁孔时，切削速度 $v \leqslant 10$m/min，进给量 0.8mm/r。

④切削液的选用。铰钢或铜制孔，一般用乳化油；铰铝制孔，可选用煤油。

⑤检查工件的装夹。装夹是否牢固可靠。

⑥检查铰刀外观。外观是否完好，用棉丝将它擦干净，如发现刀刃有毛刺粘附，要用油石小心磨去。

⑦检查铰孔现场。现场是否布量合理，物品放置是否符合要求。

(3)机动铰孔注意事项

①要注意保持机床主轴、铰刀和工件孔三者的同轴度符合要求；

②机铰开始时采用手动进给，当铰刀切削部分进入孔内后，再改用自动进给；

③机铰盲孔时，应经常退刀，消除切屑，防止切屑刮伤孔壁；

④铰通孔时，铰刀的校准部分不能全部铰出，以免将孔的出口处刮坏；

⑤铰削过程中，必须加注切削液；

⑥铰孔结束时，应使铰刀退出工件后再停车，防止拉伤孔壁。

(4)手工铰孔注意事项

①工件应装夹牢靠，防止装夹力过大造成工件变形；工件装夹位置要正，一般应使轴线呈铅直状态。

②铰孔时两手用力均衡，转动铰杠速度均匀平稳，不得有摆动现象。

③随铰刀旋转时，轻轻加压力，使铰刀缓慢进入孔内，均匀铰削，以保证质量。

④手工铰削时，铰刀每次停歇位置上都会造成孔壁存在刀痕，应设法使各次停歇的位置互不重叠，保证孔壁无振痕。

⑤铰削或退刀时，均不允许反转，防止拉毛孔壁和崩刃。

⑥要及时排除铰屑，铰盲孔时尤其要多加注意。

⑦铰定位锥孔时，两配合件位置要正确，铰孔时要经常用相配合的锥销来校验尺寸，防止将孔铰深。

(5)铰削安全文明生产要求

①铰削前，切实做好有关准备工作，如熟悉图样的技术要求、工艺卡片、铰削工具、铰削设备等，做到心中有数。

②铰削工位上，铰刀、铰杠与其他的在用工具不能混放在一起，要特别注意保护铰刀，以免其刃口受损。

③铰削过程中，不允许用手、棉丝或嘴吹方式清除切屑，只能用小毛刷来清除。

④每次铰孔完毕后，都应及时将铰刀擦干净存放在专门的盒中，准备下次使用，同时清理铰削现场。将工具、刀具及工件，按规定位置摆整齐。

⑤铰孔作业严禁用锤击。

六、攻螺纹

(1)攻螺纹工具 攻螺纹主要工具是丝锥和铰杠。

丝锥有手用和机用两种。手用丝锥是用合金工具钢(如 9SiCr)或轴承钢(如 GCr15)制成的，机用丝锥则采用高速钢制作。

铰杠是手工攻螺纹时的夹持工具，一般由碳素工具钢制成。

丝锥和铰杠都经过相应的热处理，达到切削刃具和工具必须使用的硬度。常用的攻螺纹工具见表 6-2。

表 6-2 常用的攻螺纹工具

名称	图示	说明
丝锥	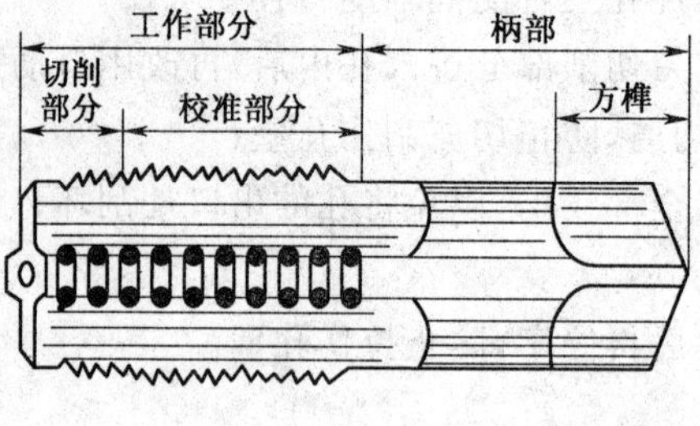 工作部分　柄部　切削部分　校准部分　方榫	1. 用来加工较小直径的内螺纹 2. 按牙的粗细不同，可分为粗牙丝锥和细牙丝锥 3. 按攻螺纹的驱动力不同，可分为手用丝锥和机用丝锥。通常 M6～M24 的手用丝锥一套为两支，称头锥、二锥；M6 以下及 M24 以上的手用丝锥一套有 3 支，即头锥、二锥和三锥
铰杠	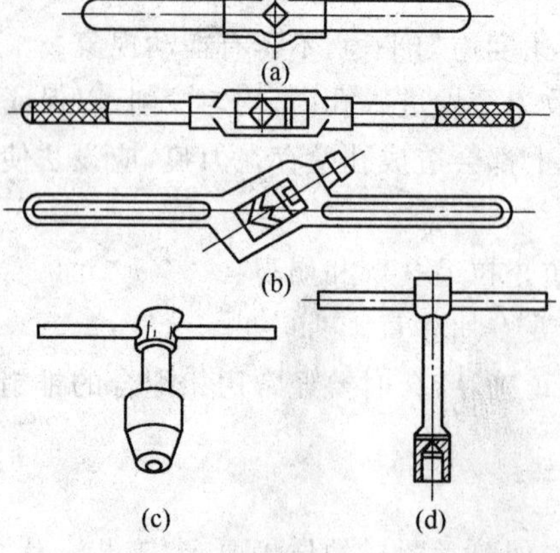 (a)　(b)　(c)　(d)	1. 铰杠用来夹持和转动丝锥 2. 铰杠有普通铰杠和丁字铰杠两种。普通铰杠又分为固定式、可调式两种，固定式如图 a 所示；常用的是可调式铰杠，如图 b 所示，旋转手柄即可调节方孔的大小，以便夹持不同尺寸的丝锥。丁字铰杠分为固定式、可调式两种，可调式如图 c 所示，固定式如图 d 所示 3. 铰杠长度应根据丝锥的尺寸大小进行选择，以便控制攻螺纹时的扭矩，防止丝锥因施力不当而扭断

(2)攻螺纹前的准备工作

①根据材料不同,确定工件底孔直径并选用钻头。底孔直径可查手册得到或者由经验公式计算

$$底孔直径\ D_0=D-1.1P(适用于铸铁、铜合金)$$

或

$$底孔直径\ D_0=D-P(适用于钢、纯铜等)$$

式中,D 为内螺纹大径(mm);P 为螺距(mm);D_0 即是应选钻头的直径。

②确定底孔钻孔深度。攻不通孔螺纹时,由于丝锥不能攻到底,孔的深度应大于螺纹的有效长度。孔深可按下式计算

$$底孔深度=所需螺纹的长度+0.7D$$

式中,D 为螺纹大径(mm)。

③钻底孔。用选定的钻头,在工件上按底孔深度钻出底孔,并在钻孔入口处倒角,方便丝锥切入。

④装夹工件。装夹工件要使孔的中心线置于铅直位置(手工攻螺纹及钻床攻螺纹)或水平位置(卧式车床攻螺纹)。

⑤选择丝锥。根据工件上螺纹孔的规格,选择丝锥。先用头锥,后用二锥完成攻螺纹作业,不可颠倒攻螺纹顺序。

(3)手工攻螺纹操作要点

①起攻。起攻时把丝锥放正,然后用手压住丝锥并转动铰杠,使其切入 1～2 圈后,用直角尺校正丝锥位置,手工攻螺纹如图 6-18 所示。

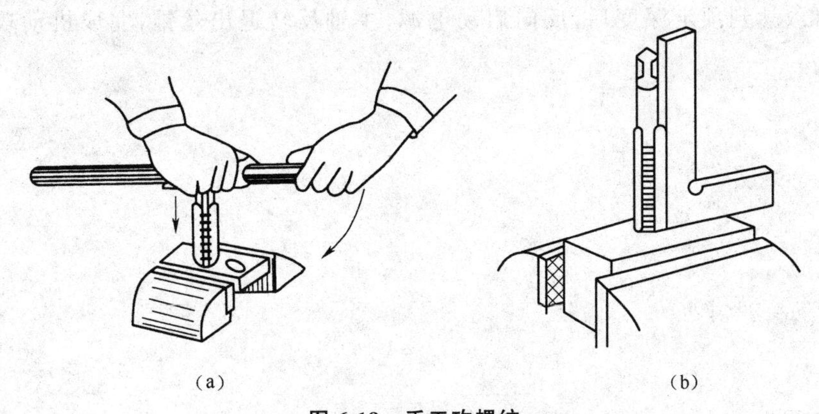

(a)　　(b)

图 6-18　手工攻螺纹

(a)起攻　(b)检查起攻的垂直度

保持丝锥正确位置的措施如图 6-19 所示。为保持丝锥的正确位置,也可以将光制螺母套在丝锥上,利用螺母端平面与工件表面贴紧的办法,保证丝锥轴线与内孔轴线同轴,如图 6-19a 所示;也可以将丝锥插入导向套孔中,利用其的定位作用,保持同轴,如图 6-19b 所示。

②正常攻螺纹。当丝锥切入 3～4 圈后,只需转动铰杠,不需要施加压力,即可

自行攻入孔内完成攻螺纹作业。攻螺纹时，每板转铰杠 1/2～1 圈，要倒转 1/4～1/2 圈，使切屑断碎后容易排除，防止卡死现象。

③攻不通孔时要经常退出丝锥，清除孔内的切屑。

④正确使用切削液，攻钢料时，加注机油；攻铸铁时加注煤油（可不加注）。

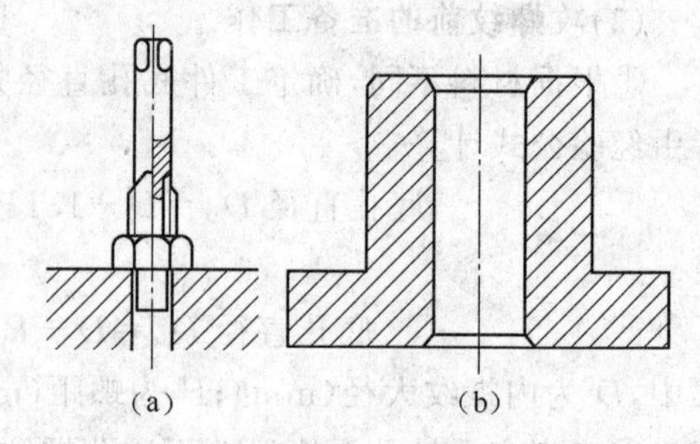

图 6-19 保持丝锥正确位置的措施

(a)螺母 (b)导向套

⑤严格按头、二锥顺序攻螺纹。

⑥丝锥退出时，先用铰杠平稳反转，使丝锥退出到一定程度，再用手拧动丝锥，将其从工件中取出。

(4)机动攻螺纹操作要点 机动攻螺纹前的准备工作与手动攻螺纹相同，所用丝锥应是机用丝锥。

①将丝锥夹持在立钻主轴上，启动电源让主轴旋转，观察安装是否同轴，保证丝锥轴线与主轴旋转轴线重合。

②手动操控主轴下降，逐步接近攻螺纹孔，使丝锥头部与孔周边间隙均匀，并用直角尺检查丝锥与孔端平面垂直度。若钻孔与攻螺纹是在工件一次安装中接连进行，则上述检查可以免去。

③启动电源，主轴低速转动，手动将丝锥切入孔内，然后，让丝锥自动攻螺纹。当攻螺纹达到预定深度后，反向启动电源，主轴反转退出丝锥，完成机动攻螺纹作业。

第七章　零件机械加工工艺

第一节　概　　述

一、零件的成形

任何一个机械零件的成形都要经历一定的过程，即零件毛坯的获取，按图样要求用切削方法初步切除毛坯上多余的材料，必要时要经历不同的处理，再经过精加工使零件达到设计要求成为合格产品。总之，零件从毛坯到合格成品需要经过一系列相互衔接的加工。

二、毛坯的类型

毛坯的类型有铸件、锻件和型材三种。选择毛坯类型主要依据是零件所用的材料、零件形状结构、尺寸大小以及使用要求。

(1)铸铁毛坯件　主要承受压力的零件，如机器底座、发动机缸体、各种变速箱体、床身、电机外壳等都是采用灰铸铁铸造而成的。

(2)铸钢毛坯件　主要承受冲击力的各种大型机械零件，由于结构复杂，一般都用铸钢毛坯件，如起重机的转台。

(3)铸铝毛坯件　特殊用途的零件，如发动机活塞，常采用铸铝毛坯。

(4)锻件　各种传动齿轮，大型转子轴等传动件，都采用性能良好的中碳结构钢制造的。钢材经过锻造还可以改善材料内部的组织结构，提高零件的使用寿命，所以都采用锻件毛坯。

(5)型材　圆棒料、六角棒料、无缝钢管以及其他在用型材，可用作相应零件的毛坯料。

三、零件机械加工工艺流程

根据毛坯的类型(铸件、锻件或型材)，选择不同的加工方法(加工顺序)，并规定各个加工工序应达到的要求(加工余量、表面质量等)，最终制成合格的零件，统称为加工工艺流程。

加工工艺流程包括：零件的粗加工、半精加工、精加工和超精加工，其间还穿插必要的热处理。

①粗加工方法主要有粗车、粗刨、粗铣和钻孔。

②半精加工方法有半精车、半精刨、半精铣、铰孔和滚齿或插齿。

③精加工方法主要有精车、精铣、磨削、磨齿等。

④超精加工一般指研磨、刮研、抛光等。

四、合理选择零件机械加工工艺

零件的加工工艺的制订是在零件从毛坯到合格的成品之间，选择一条合理的加工路线，使零件加工的技术经济效益最大化。

选择工序(工艺)主要依据该零件的生产纲领、企业的设备、技术水平以及技术工人的熟练程度等综合因素。这是组织生产时必须首先考虑的。对于某些典型的零件如轴类零件、箱体类零件及齿轮等圆盘形零件，已经积累了较为成熟可靠的加工工艺，供参照选用。

第二节　轴类零件的加工工艺

一、轴类零件的特点

轴类零件是回转型圆柱体。轴的长度远大于轴的直径。轴的两端是轴颈，用于支承在轴承上，转动时依靠两轴线保持轴承位置不变。轴中部或其一端外伸部分，是用于安装传动零件(齿轮或带轮)的，后者称之为轴头。

轴用于传递转矩，并要承受一定的冲击。轴一般用 45 中碳钢制成。一般用途的轴可不进行热处理，对于重要的轴应安排热处理。

二、某传动轴加工工艺示例

某传动轴如图 7-1 所示，其加工工艺的选择如下。

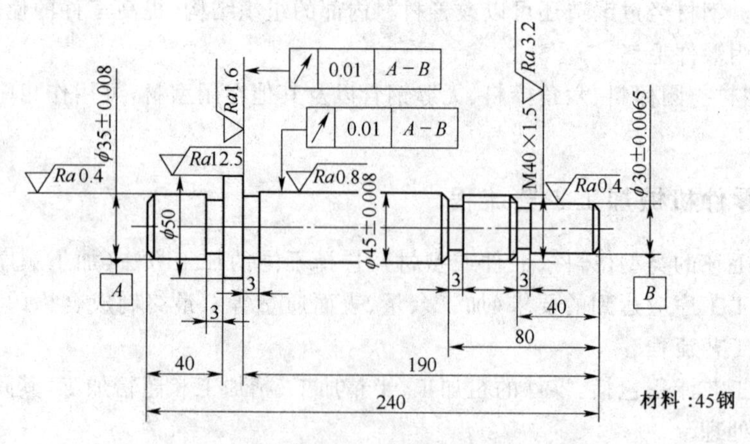

图 7-1　传动轴

该传动轴两端 $\phi30\pm0.0065$ 和 $\phi35\pm0.008$ 是加工精度最高的表面，而且表面粗糙度 $Ra0.4\mu m$ 最低，可见该轴的最终加工工序应为精加工，即磨削。由此可见，该轴加工工艺安排为粗车→半精车→磨外圆。半精车之前，将轴进行正火处理。

该传动轴的加工工序为：截取圆棒料毛坯→车两端面，打中心孔→粗车各外圆→正火处理→半精车各外圆、车螺纹→磨外圆 $\phi30$、$\phi35$、$\phi45$→检验，轴的加工工艺见表 7-1。

表 7-1　传动轴的加工工艺

内容	设备	装夹方法	加工简图	加工说明
粗车	车床	三爪自定心卡盘	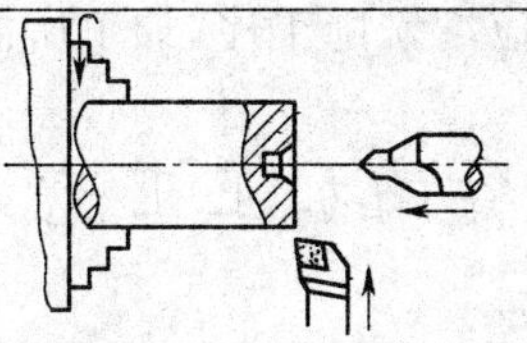	夹持 $\phi55$mm 圆钢外圆 车端面见平，钻 $\phi2.5$mm 中心孔调头 车端面，保证总长 240mm，钻中心孔
粗车	车床	双顶尖	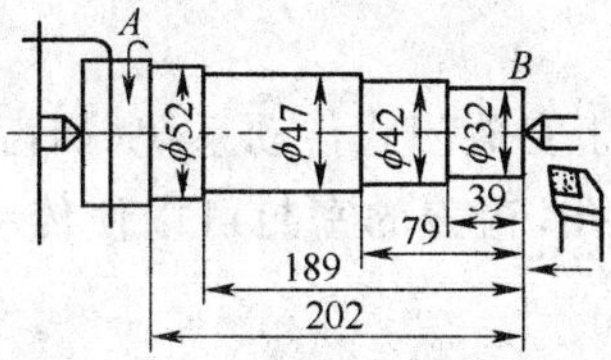	用卡箍夹 A 端 粗车外圆 $\phi52$mm×202mm 粗车 $\phi47$mm、$\phi42$mm、$\phi32$mm 各外圆，直径留余量 2mm，长度留余量 1mm 用卡箍夹 B 端 粗车 $\phi37$mm 外圆，直径留余量 2mm，长度留余量 1mm
热处理				正火处理，840℃～860℃加热、保温、空冷 表面硬度为 210～229HB
半精车	车床	双顶尖	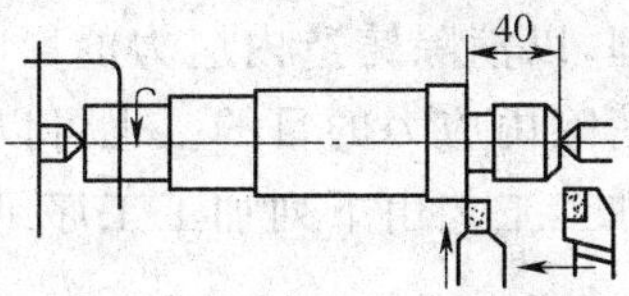	用卡箍夹 B 端 精车 $\phi50$mm 外圆至尺寸 半精车 $\phi35\pm0.008$mm 外圆至 $\phi35.5$mm 车槽，保长度 40mm 倒角
半精车	车床	双顶尖	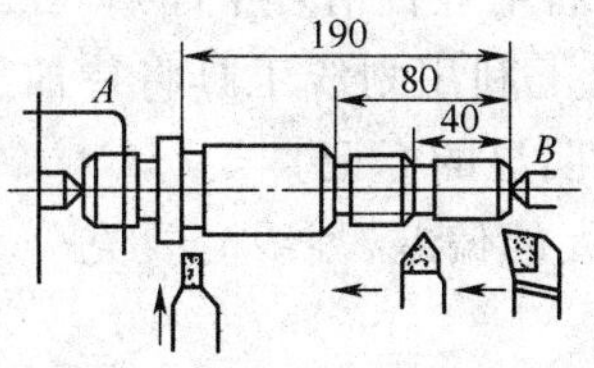	用卡箍夹 A 端 半精车 $\phi45\pm0.008$mm 外圆至 $\phi45.5$mm 半精车 M40×1.5 大径为 $\phi40^{-0.1}_{-0.2}$mm； 半精车 $\phi30\pm0.0065$mm 外圆至 $\phi30.5$mm 车槽 3 个，分别保证长度 190mm、80mm、40mm 倒角 3 个 车螺纹 M40×1.5
磨外圆	外圆磨床	双顶尖		用卡箍夹 A 端 磨 $\phi45\pm0.008$mm；$\phi30\pm0.0065$mm 用卡箍夹 B 端 磨 $\phi35\pm0.008$mm

三、键槽加工

键槽是传动轴类零件的特殊结构。一般的传动轴，两端安装轴承的地方称为轴颈，它们是转动的实际公共轴心线，如图示公共基准[A]、[B]。轴的中部用平键安装传动齿轮。安装传动件的部位称为轴头。轴头处一般都要加工键槽。若图 7-1 中轴头 $\phi45$ 有键槽，则在半精加工工序中应增加用铣床铣键槽的工序，才算完整补加工完成。

若传动轴是输入轴，则在轴端还应有安装带轮的轴颈，该处亦需铣削键槽。

带有键槽的传动轴，除了表 7-1 工序外，应增铣削工序，加工所需的键槽。

第三节 箱体类零件的加工工艺

一、箱体类零件的特点

箱体类零件的空腔具有足够的空间用于安放闭式传动系统（如齿轮减速装置、蜗杆传动装置等），箱壁上有供装配轴承的孔，箱盖的密封可以使传动系统获得充分的润滑作用。

绝大多数箱体都是用灰铸铁铸造成形的。将铸造毛坯加工成图样规定精度的产品需要经过多种不同的加工工艺。

二、箱体类零件加工工艺流程

大型箱体加工之前，一般要经时效处理，以消除铸造内应力的影响，时效处理是让铸件放置在室外，长达一、二年，达到消除内应力的目的。也可以采用人工时效法处理中、小型铸件。箱体类零件整个加工工艺由下列加工工序组成。工艺顺序过程如下：

(1)划线工序 划线工序的基本要求是将毛坯件清理干净后，在工件表面相应位置上涂抹着色染料（一般为白色），在平台上利用划线工具将待加工表面的几何形状刻划出来，并打上冲眼为安装加工提供明显的标记。

由于铸件形状与图样要求可能出现较大的偏差，划线时要充分考虑到基准的选择和借料等实际问题，以避免出现废品。

划线工序一般由钳工承担，它是整个箱体加工工艺的基础，必须予以足够的重视。

(2)刨削工序 刨削工序的基本要求是将箱体的工艺基准面加工出来。一般可用千斤顶支撑毛基准，装夹牢固后，刨削箱体的工艺基准面（可分粗刨和精刨进行）。

利用已加工好的工艺基准可以刨削箱体其他可刨削的表面。

该工序应在刨床上，由相应的技工进行加工。

(3)镗孔工序 箱体上各轴承孔座是利用镗刀进行加工的。将已经加工好工艺基准的箱体,装夹在镗床工作台上镗孔时,视加工余量的大小,一般分为粗镗和精镗两步进行。为保证同轴度,箱体轴承孔座最好不采用调头镗的方式。

粗镗时,应包括对孔的各个端面进行加工,以保证其与孔轴线的垂直度。

(4)钳工工序 加工箱体上的螺纹孔,钻箱盖上联接螺纹的通孔,去除毛刺等后续工序一般由钳工承担。

箱体的材料为铸铁,在加工过程中一般不使用切削液。

第四节 圆盘形零件的加工工艺

一、圆盘形零件的特点

圆盘形零件是指直径远大于厚度的零件。此类零件多为传动件,如齿轮、带轮等。圆盘形零件外圆柱部分多为传动表面,如齿廓,V 带槽等;零件内圆柱部分多为与轴头配合在一起的带键槽的孔。内、外圆的轴线同轴度成为该类零件工作状态是否良好的保证。加工过程中,内孔成为最终工序的定位基准。圆盘的端面是否与轴线垂直,也是影响到零件质量的关键因素。除了切齿加工外,圆盘形零件多在车床上加工;个别特别精密零件可能要应用磨削工艺。

齿轮类零件多采用钢料,带轮则多采用铸铁。不同材料的圆盘形零件,有不同的加工工艺。

二、圆柱直齿轮加工工艺流程

现以一般减速器的圆柱直齿轮为例说明其加工工艺。

圆柱直齿轮一般用 45 钢,其齿面为调质处理,HBW 为 220～250,其加工工艺由下列工序组成。

(1)锻造工序 将直径小于齿轮外圆的 45 钢材截取一段长度,加热后在锻床上锻打成圆饼形毛坯。锻造的目的是为改善材料内部纤维方向,以利于轮齿的工作。

(2)车削加工工序 粗车时,用三爪夹持毛坯外圆,车出一部分光滑外表和端面;然后调头,利用光洁端面定位,夹持已加工外圆部,将外圆另一端面粗车成形。

用麻花钻钻内孔,扩孔至一定尺寸后,半精车内孔,作为定位基准。

精车时,以内孔为定位基准,加工齿顶圆和基准端面。

(3)切齿工序 在滚齿机或插齿机上,使用与内孔配合精度较高的心轴安装在机床的工作台上,用百分表对齿坯外圆找正,夹紧后,按工艺要求切齿。

(4)热处理 对已切制出齿廓的齿轮轮廓进行调质处理使齿面获得良好的机械性能。

在对齿轮的车削时应使用切削液;切齿时,应使用冷却油。

附录　初级车工技能考核试题选

附录一　车　喷　嘴

一、车喷嘴要求

1. 考件图样(附图 1)

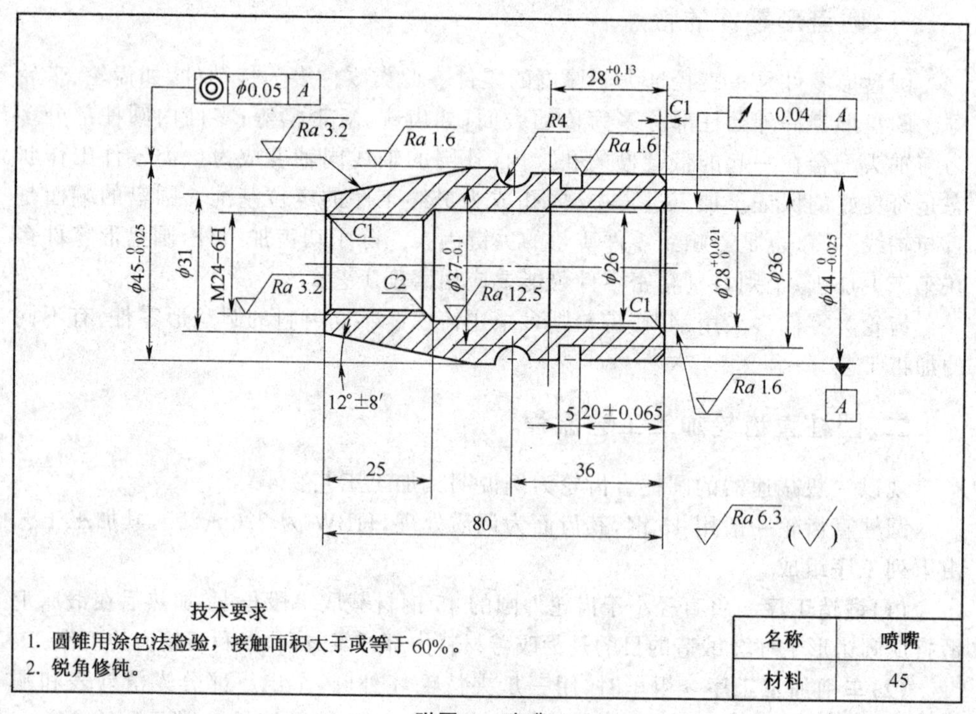

附图 1　喷嘴

2. 准备要求

①考件材料为 45 热轧圆钢，锯断尺寸为 ϕ50mm×85mm。

②钻孔、攻螺纹用切削液。

③检验锥度用显示剂。

④工、量、刃具的准备。

3. 考核内容

(1)考核要求

①考件的各尺寸精度、几何精度、表面粗糙度达到图样规定要求。

②不准使用砂布对考件修整加工。

③R4mm 圆弧允许使用自磨成形车刀加工。

④M24－6H 内螺纹允许使用丝锥攻螺纹。

⑤孔 $\phi 28^{+0.021}_{0}$ mm 不准使用铰刀加工。

⑥不允许使用车心轴装夹车外圆。

⑦未注公差尺寸极限偏差按 IT14 加工。

⑧考件与图样严重不符的，应扣去该考件的全部配分。

(2)时间定额 3.5h（不含考前准备时间）。提前完工不加分，超时间定额 15min 扣 5 分；25min 扣 10 分；25min 以上则应停止考试。

(3)安全文明生产

①正确执行安全技术操作规程。

②按企业有关文明生产的规定，做到工作地整洁、工件、刀具、工具、量具摆放整齐。

4. 配分与评分标准（附表 1）

附表 1 车喷嘴配分与评分标准

作业项目	配分	考核内容	评分标准	考核记录	扣分	得分
车外圆	10	$\phi 45^{0}_{-0.025}$ mm	超差 0.01mm 扣 5 分，超差 0.01mm 以上无分			
	10	$\phi 44^{0}_{-0.025}$ mm	超差 0.01mm 扣 5 分，超差 0.01mm 以上无分			
	6	同轴度公差 ϕ0.05mm	超差无分			
	6	径向圆跳动公差 0.04mm	超差无分			
	4	Ra1.6μm（2 处）	超差无分			
	0.5	C1	超差无分			
车内孔	3	ϕ26mm	超差无分			
	10	$\phi 28^{+0.021}_{0}$ mm	超差 0.01mm 扣 5 分，超差 0.01mm 以上无分			
	2	25mm	超差无分			
	5	$28^{+0.13}_{0}$ mm	超差无分			
	2	Ra1.6μm	超差无分			
	1	Ra6.3μm	超差无分			
	1	Ra12.5μm	超差无分			
	0.5	C1	超差无分			
	0,5	C2	超差无分			
车圆锥体	6	$\alpha/2=12°\pm 8'$	$\alpha/2=12°\pm 10'$ 扣 3 分，$\alpha/2>12°\pm 10'$ 无分			
	2	ϕ31mm	超差无分			
	2	Ra3.2μm	超差无分			
	6	接触面积大于或等于 60%	接触面积 50%～59% 扣 3 分，<50% 无分			

续附表 1

作业项目	配分	考核内容	评分标准	考核记录	扣分	得分
车内螺纹	5	M24-6H	用螺纹塞规检验,通端不通过或者止端通过无分			
	2	$Ra3.2\mu m$	超差无分			
	0.5	C1	超差无分			
车沟槽	3	5mm×ϕ36mm	超差无分			
	3	(20±0.065)mm	超差无分			
	4	$R4mm\times\phi37_{-0.1}^{0}mm$	超差无分			
	1	36mm	超差无分			
	1	$Ra6.3\mu m$(4处)	超差无分			
车长度	2	80mm	超差无分			
	1	$Ra6.3\mu m$(2处)	超差无分			
安全文明生产		遵守安全操作规程,正确使用工、量具,操作现场整洁	按达到规定的标准程度评定,一项不符合要求在总分中扣2.5分			
		安全用电,防火,无人身、设备事故	因违规操作发生重大人身、设备事故,此卷按0分计算			
分数合计	100					

注:本考件重点项目为车内、外圆占60分,其次为车圆锥和沟槽。

二、准备工作

1. 考件的技术分析

该考件毛坯外形尺寸 ϕ50mm×85mm 属于短轴类零件,用三爪卡盘夹持即可,不必使尾座顶尖夹持。考件加工表面主要有外圆 ϕ45mm、ϕ44mm,沟槽 ϕ36mm×5mm 和外圆锥面;内孔 ϕ28mm、ϕ26mm;内螺纹 M24-6H,技术要求覆盖内、外圆加工、圆锥面加工和螺纹加工三项。

2. 车床和刀具

①采用 CA6140(或 C6132)。

②切削刀具:硬质合金 90°偏刀、45°弯刀、硬质合金切断刀、内孔车刀、麻花钻 ϕ10mm、ϕ20mm、ϕ26mm、高速钢 R4 圆头车刀、M24 机用丝锥。

③量具:精度为 0.02mm 的游标卡尺,规格 125mm;锥顶角为 24°的圆锥套规,用于检验锥面(应由考核单位提供)。

④显示剂

以上均应由考核单位提供,由应试者选用。

三、车削操作建议(参考)

①车三爪卡盘上夹持毛坯一端长约 40mm,用 45°弯刀粗车端面和外圆至

ϕ46mm；用钻头钻至 ϕ18mm；

②调头，用三爪夹持已加工光面 ϕ46mm 外圆，用 45°弯刀车毛坯外圆至 ϕ46mm 并车削端面，使两端面相距 81mm；

③保持②的工件装夹位置、改用 90°偏刀精加工外圆至 $\phi44_{-0.025}^{\ 0}$ mm，至距端面 40mm 为止；用 ϕ26mm 钻头号，钻内孔，深 55mm（或用内孔车刀加工）；用内孔车刀加工 $\phi28_{\ 0}^{+0.02}$ mm 至深度 $28_{\ 0}^{+0.13}$ mm，倒角 $C1$；用切断刀加工沟槽 ϕ36mm×5mm；最后，用 R4 圆头车刀切出 R4mm 沟槽深 $\phi37_{-0.10}^{\ 0}$ mm。

④调头，用三爪夹持已加工表面 $\phi44_{-0.025}^{\ 0}$ mm，用外圆至 $\phi45_{-0.025}^{\ 0}$ mm；用 45°弯刀将端面车平，使两端面相距 80mm，按 M24 的技术要求，加工内螺纹底孔 ϕ21mm，并用 45°弯刀时孔端倒角，然后用机动丝锥攻 M24-6H 螺纹（加冷却液）。最后，转动小刀架 12°加工锥面。至检验合格为止。

上述加工过程，可保证几何公差和表面粗糙度要求。

附录二　车　带　轮

一、车带轮要求

1. 考件图样（附图 2）

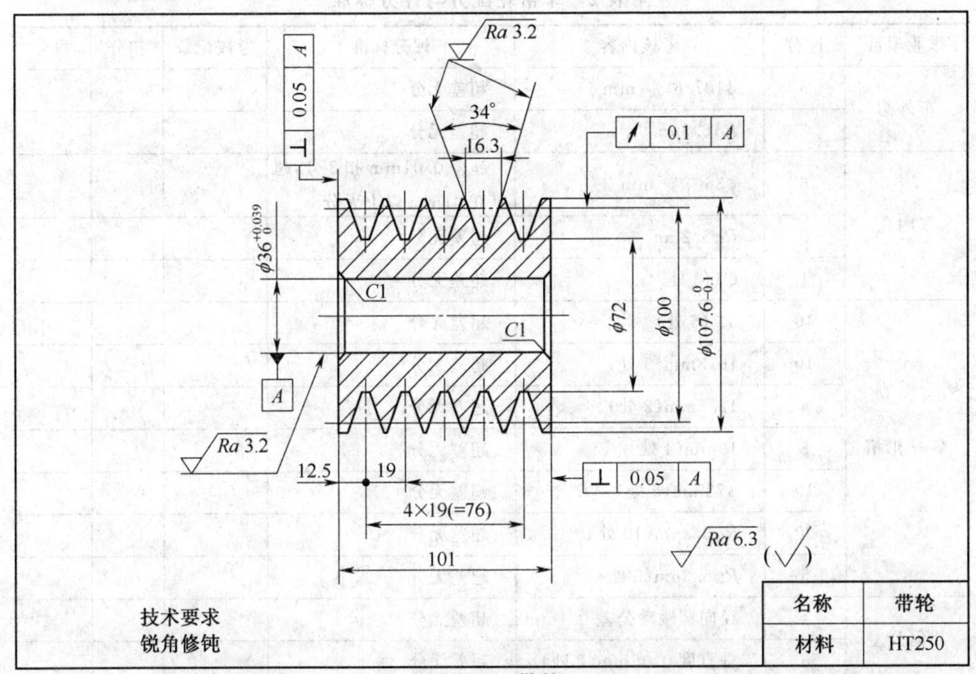

附图 2　带轮

2. 准备要求

①考件材料为 HT250 铸件，毛坯尺寸为 ϕ115mm×110mm。

②相关工、量、刃具的准备。

3. 考核内容

(1)考核要求

①考件的各尺寸精度、几何精度、表面粗糙度达到图样规定要求。

②不准使用砂布对考件修整加工。

③孔 $\phi36^{+0.039}_{0}$ mm 不能使用铰刀加工。

④不允许使用车心轴装夹。

⑤允许使用锉刀对 V 形槽口锐角倒钝。

⑥未注公差尺寸极限偏差按 IT14 加工。

⑦考件与图样严重不符的应扣去该考件的全部配分。

(2)时间定额 3.5h(不含考前准备时间)。提前完工不加分,超时间定额15min 扣 5 分;25min 扣 10 分;25min 以上则应停止考试。

(3)安全文明生产

①正确执行安全技术操作规程。

②按企业有关文明生产的规定,做到工作地整洁,工件、刃具、工具、量具摆放整齐。

4. 配分与评分标准(附表 2)

附表 2 车带轮配分与评分标准

作业项目	配分	考核内容	评分标准	考核记录	扣分	得分
车外圆	5	$\phi107.6_{-0.1}^{0}$ mm	超差无分			
	2	$Ra6.3\mu m$	超差无分			
车内孔	6	$\phi36^{+0.039}_{0}$ mm	超差 0.01mm 扣 3 分,超差 0.01mm 以上无分			
	3	$Ra3.2\mu m$	超差无分			
	1	C1(2 处)	超差无分			
车 V 形槽	10	34°(5 处)	超差无分			
	10	16.3mm(5 处)	超差无分			
	4	12.5mm(2 处)	超差无分			
	8	19mm(4 处)	超差无分			
	10	$\phi72$mm(5 处)	超差无分			
	20	$Ra3.2\mu m$(10 处)	超差无分			
	5	$Ra6.3\mu m$(5 处)	超差无分			
几何公差	4	径向圆跳动公差 0.1mm	超差无分			
	8	垂直度 0.05mm(2 处)	超差无分			
车总长	2	101mm	超差无分			
	2	$Ra6.3\mu m$(2 处)	超差无分			

续附表 2

作业项目	配分	考核内容	评分标准	考核记录	扣分	得分
安全文明生产		遵守安全操作规程，正确使用工、量具、操作现场整洁	按达到规定的标准程度评定，一项不符合要求在总分中扣 2.5 分			
		安全用电，防火，无人身、设备事故	因违规操作发生重大人身、设备事故，此卷按 0 分计算			
分数合计	100					

注：本考件重点项目为车 V 形槽，占 60 分，其次为车内孔和外圆。

二、准备工作

1. 考件的技术分析

该考件毛坯为外形尺寸 ϕ115mm×110mm 的灰铸铁件，毛坯应具有不小于 ϕ20mm 的铸造内孔。按要求不允许铰刀加工内孔，不允许用车心轴装夹，仅用三爪卡盘夹持完成加工。加工技术覆盖车外圆、车 V 形槽面、车内孔，属于初级车工最基础的必备技术。

2. 车床和刀具

①采用普通车床 CA6140(或 C6132)。

②刀具。硬质合金 90°偏刀、45°弯刀、夹角为 34°的直头尖刀、内孔车刀；若毛坯内孔尺寸小，应备有 ϕ30mm 的麻花钻，便于扩孔；细纹平板锉刀。

③量具。精度为 0.02mm 游标卡尺；夹角 34°的样板(用于切槽对刀)。

以上均应由考核单位提供，供应试者选用。

三、车削操作建议(参考)

1. 粗车

①三爪夹持毛坯外圆，长约 40mm，用 45°弯刀粗车一端外圆至 ϕ110mm，车端面 0.3mm 见光；用 ϕ25mm 钻头扩孔至 ϕ25mm，再用车刀车内孔至 ϕ32mm，倒角 $C1$。

②调头，三爪夹持已加工外圆 ϕ110mm 部分，45°弯车粗车毛坯另一端至 ϕ110mm，车端面 0.3mm 见光，两端面距离不小于 109mm 为宜。用内圆车刀加工内孔至 ϕ34mm，并倒角 $C1$，作为精车 V 带槽时活动顶尖支承面。

2. 精车

①放松三爪，不取出工件，仅将其向右退出一些，保持三爪夹持长度不大于 8mm，夹紧时用尾座活顶尖顶入内孔倒角面支承，作为精车时的装夹和定位方式。

②用 90°偏刀，精车全长外圆至 $\phi101.6_{-0.1}^{0}$mm，并车端面 0.1mm，保持端面与轴线垂直度在 0.05mm 内。

③确定 V 带槽中心位置时，用游标卡尺自工件端面向左截取长 12.5mm 距离，并用 45°弯刀头贴近该处，转动主轴可在工件表面划出第一道中心刻线。此后，

依次手动进给小刀架，每隔 19mm 刻一道刻线，可在工件上刻出 5 道 V 带槽中心线位置，作为切槽时参考。

④安装 34°V 型沟槽直尖刀时用 34°样板校正，对刀后锁紧。

⑤切 V 带槽。将 34°沟槽尖刀移近第一道 V 带槽中心线，调节车刀使刀头左、右刀尖对移于带槽中心线，启动主轴旋转，手动横向进给，逐次切出第一道 V 带槽。槽底尺寸为 $\phi 72$mm 为止。尺寸 $\phi 72$mm 仅是参考数据，检验时，以 V 带槽口宽度 16.3mm 为准。然后，将车刀退出，用小车架纵向位移 19mm，再切第二道沟槽。重复上述操作，可将所需的 5 道 V 带槽车完。

⑥精车内孔。将已加工好沟槽的工件取下，调头用三爪夹持(不用顶尖)，用车刀精车内孔至 $\phi 36^{+0.039}_{0}$mm，再精车端面至尺寸 101mm。最后，倒两角 $C1$。

附录三　车锥齿轮坯

一、车锥齿轮坯要求

1. 考件图样(附图 3)

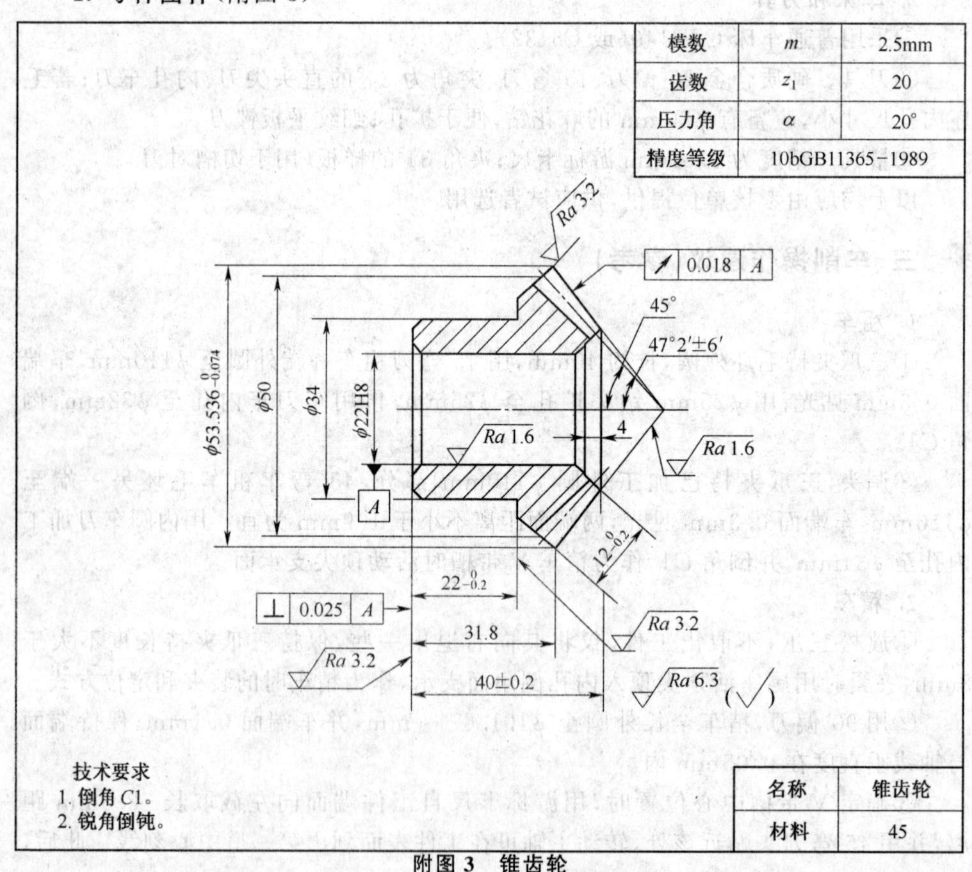

附图 3　锥齿轮

2. 准备要求

①考件材料为45热轧圆钢，锯断尺寸为ϕ55mm×45mm。

②钻孔用切削液。

③相关工、量、刃具的准备。

3. 考核内容

(1)考核要求

①考件的各尺寸精度、几何精度、表面粗糙度达到图样规定要求。

②不准使用砂布对考件修整加工。

③不允许使用心轴装夹加工。

④孔ϕ22H8不准使用铰刀加工。

⑤未注公差尺寸极限偏差按IT14加工。

⑥考件与图样严重不符的，应扣去该考件的全部配分。

(2)时间定额 2h(不含考前准备时间)，提前完工不加工，超时间定额10min扣5分；15min扣10分；15min以上则应停止考试。

(3)安全文明生产

①正确执行安全技术操作规程。

②按企业有关文明生产的规定，做到工作地整洁，工件、刃具、工具、量具摆放整齐。

4. 配分与评分标准(附表3)

附表3 车锥齿轮坯配分与评分标准

作业项目	配分	考核内容	评分标准	考核记录	扣分	得分
车外圆	6	$\phi53.536_{-0.074}^{\ 0}$mm	超差无分			
	3	ϕ34mm	超差无分			
	4	$22_{-0.2}^{\ 0}$mm	超差无分			
	3	Ra3.2μm	超差无分			
	2	Ra6.3μm	超差无分			
车内孔	6	ϕ22H8	超差无分			
	4	Ra1.6μm	超差无分			
	1	C1	超差无分			
车锥度	10	47°2′±6′	±8′扣5分，±8′以上无分			
	10	45°	超差无分			
	6	4mm	超差无分			
	8	$12_{-0.2}^{\ 0}$mm	超差无分			
	8	31.8mm	超差无分			
	8	径向圆跳动公差0.018mm	超差无分			

续附表 3

作业项目	配分	考核内容	评分标准	考核记录	扣分	得分
车锥度	4	$Ra1.6\mu m$	超差无分			
	3	$Ra3.2\mu m$	超差无分			
	2	$Ra6.3\mu m$	超差无分			
车总长	2	(40 ± 0.2)mm	超差无分			
	8	垂直度 0.025mm	超差无分			
	2	$Ra3.2\mu m$	超差无分			
安全文明生产		遵守安全操作规程,正确使用工、量具,操作现场整洁	按达到规定的标准程度评定,一项不符合要求在总分中扣 2.5 分			
		安全用电,防火,无人身、设备事故	因违规操作发生重大人身、设备事故,此卷按 0 分计算			
分数合计	100					

注:本考件重点为车锥度占 58 分,外圆,内孔次之。

二、准备工作

1. 考件的技术分析

考件毛坯为 $\phi55mm\times45mm$ 的 45 钢棒料,内孔 $\phi22H8$ 需通过钻削和车削。其次,要求车外圆 $\phi34mm$,车顶角为 90°的锥面,几何公差要求是锥面对基准轴的全跳动公差和定位端面对基准轴线的垂直度。制齿不在车工考核范围内。

2. 车床和刀具

①采用 CA6140 车床。

②刀具:硬质合金 90°偏刀、45°弯刀,$\phi10mm$、$\phi20mm$ 麻花钻,内孔车刀。

③量具:万能角度尺、精度 0.02mm 游标卡尺。

三、车削操作建议(参考)

①用三爪夹持毛坯一端,车外圆至 $\phi54.3mm$。

②钻 $\phi10mm$ 通孔,扩孔至 $\phi20mm$,车端面。

③调头三爪夹持外圆 $\phi54.3mm$ 端,车另一端至平整。

④车外圆至 $\phi34mm$,长 $22_{-0.2}^{\ 0}mm$,并倒角。

⑤车内孔至 $\phi22H8(\phi22_{\ 0}^{+0.033}mm)$,并倒角。

⑥调头三爪夹持外圆 $\phi34mm$,车端面,使工件两端面相距为 $40\pm0.2mm$。

⑦车锥面。松开锁母,刀架逆时转 45°,再锁紧,用 90°偏刀(或 45°弯刀)车锥面,用万能量角器检查外锥面顶角 90°。

⑧车背锥面。松开锁母,将刀架从原有位置顺时针方向转 90°,装上 90°偏车背

锥面，至背锥大端至 $\phi53.536_{-0.074}^{\ 0}$ mm，长 31.8mm。不改变刀架方位，安装 45°弯刀，车小端背锥保证圆锥母线长度 $12_{-0.2}^{\ 0}$ mm，并对 ϕ22H8 此端口倒角。

附录四　车光杠接手

一、车光杠接手要求

车床驱动拖板沿导轨左、右移动时有丝杠和光杠两个传动件。丝杠用于车螺纹时传动，光杠则用于加工非螺纹表面时进给传动。光杠接手是光杠传动件的组成部分，属于轴类零件。

1. 考件图样（附图 4）

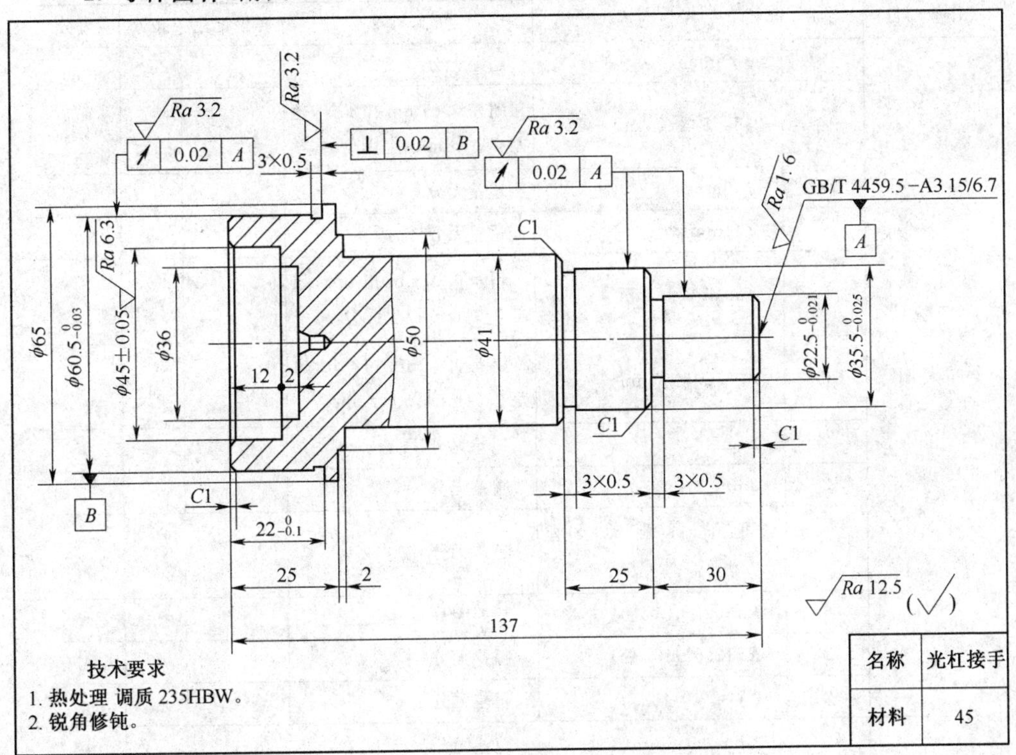

附图 4　光杠接手

2. 准备要求

①考件材料为 45 热轧圆钢、锯断尺寸为 ϕ70mm×142mm。

②相关工、量、刃具的准备。

3. 考核内容

(1)考核要求

①考件的各尺寸精度、几何精度、表面粗糙度达到图样规定要求。

②不准使用锉刀、砂布对考件修整加工。

③未注公差尺寸极限偏差按 IT14 加工。

④考件与图样严重不符的，应扣去该考件的全部配分。

(2)时间定额　3h(不含考前准备时间)，提前完工不加分，超时间定额 10min 扣 5 分；20min 扣 10 分；20min 以上则应停止考试。

(3)安全文明生产

①正确执行安全技术操作规程。

②按企业有关文明生产的规定，做到工作地整洁，工件、刃具、工量具摆放整齐。

4. 配分与评分标准(附表 4)

附表 4　车光杠接手配分与评分标准

作业项目	配分	考核内容	评分标准	考核记录	扣分	得分
车外圆	2	$\phi65$mm	超差无分			
	8	$\phi60.5_{-0.03}^{0}$mm	超差 0.01mm 扣 4 分，超差 0.01mm 以上无分			
	2	$\phi50$mm	超差无分			
	2	$\phi41$mm	超差无分			
	8	$\phi35.5_{-0.025}^{0}$mm	超差 0.01mm 扣 4 分，超差 0.01mm 以上无分			
	8	$\phi22.5_{-0.021}^{0}$mm	超差 0.01mm 扣 4 分，超差 0.01mm 以上无分			
	2	25mm	超差无分			
	2	2mm	超差无分			
	12	径向圆跳动公差 0.02mm(3 处)	超差无分			
	6	$Ra3.2\mu$m(3 处)	超差无分			
	2	$Ra12.5\mu$m(2 处)	超差无分			
	2	$C1$(4 处)	超差无分			
车沟槽	3	3mm×0.5mm(3 处)	超差无分			
	4	$22_{-0.1}^{0}$mm	超差无分			
	2	25mm	超差无分			
	2	30mm	超差无分			
	4	垂直度公差 0.02mm	超差无分			
	2	$Ra3.2\mu$m	超差无分			
	4	$Ra12.5\mu$m(4 处)	超差无分			

续附表 4

作业项目	配分	考核内容	评分标准	考核记录	扣分	得分
车内孔	4	ϕ45±0.05mm	超差无分			
	2	ϕ36mm	超差无分			
	2	12mm	超差无分			
	2	2mm	超差无分			
	2	Ra6.3μm	超差无分			
	3	Ra12.5μm(3处)	超差无分			
钻中心孔	2	GB/T 4459.5—A3.15/6.7	超差无分			
	2	Ra1.6μm	超差无分			
车总长	2	137mm	超差无分			
	2	Ra12.5μm(2处)	超差无分			
安全文明生产		遵守安全操作规程，正确使用工、量具，操作现场整洁	按达到规定的标准程度评定，一项不符合要求在总分中扣2.5分			
		安全用电，防火，无人身、设备事故	因违规操作发生重大人身、设备事故，此卷按0分计算			
分数合计	100					

二、准备工作

1. 考件的技术覆盖

考件毛坯为圆钢棒料，ϕ70mm×142mm，长度加工裕量5mm，外圆最小加工裕量为2.5mm。本考件涉及阶梯轴的外圆和内圆车削加工和切槽，属于典型的轴类零件的车削。

加工工艺分粗车和精车两部分。

2. 车床和刀具

①采用CA6140车床。

②刀具：硬质合金90°偏刀，切断刀、内孔车刀、中心钻、麻花钻ϕ10mm、ϕ25mm。

③量具：精度0.02mm游标卡尺，钢直尺。

三、车削操作建议(参考)

①三爪夹持毛坯棒料，车端面，钻右端中心孔；放松三爪，使夹持长度不大于25mm，并用尾座活顶尖支承中心孔后再次夹紧工件，为车削右端作好准备。

②用90°偏刀，分阶段车外圆。第一阶段外圆车至ϕ50mm，长110mm；第二阶段外圆车至ϕ41mm，长55mm；第三阶段，外圆车至ϕ37mm（留加工裕量）长55mm；第四阶段外圆车至ϕ24mm（留加工裕量），长30mm。

③调头，用三爪夹持ϕ41mm外圆，车左端外圆和内孔。第一步将左端毛坯车至ϕ65mm；第二步车端面，使轴两端面相距137mm；第三步，钻孔、扩孔至ϕ30mm，用内孔车刀车内孔ϕ36mm、深14mm，第四步用内孔车刀车内孔$\phi 45 \pm 0.05$mm；第五步钻左端中心孔；第七步，精车外圆$\phi 60.5_{-0.03}^{0}$mm；第八步内、外圆倒角；第九步切槽3×0.5。

④精车右端。用三爪夹持左端$\phi 60.5_{-0.03}^{0}$mm，右端活动顶尖支承，依次精加工外圆$\phi 35.5_{-0.025}^{0}$mm和$\phi 22.5_{-0.021}^{0}$mm，最后切两槽3×0.5，倒角，修钝。